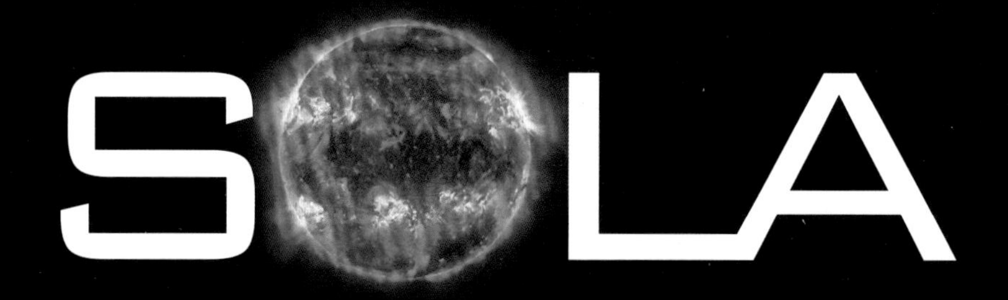

WOMEN DE TAIYANG

我们的太阳

十一堂极简太阳物理课

国际知名太阳物理学家
[挪威] 保罗·布雷克　著
孙正凡　译

·桂林·

出版统筹：汤文辉
选题策划：王　津　张耀霖
责任编辑：陈显英　王芝楠
美术编辑：卜翠红　刘冬敏
版权联络：张耀霖
营销主管：耿　磊
责任技编：李春林

Original title: Vår Livgivende Stjerne SOLA En Faktabok for Barn og Ungdom
Copyright © Solarmax 2013
Translation Copyright © 2017 by Guangxi Normal University Press
著作权合同登记号桂图登字：20-2016-198 号

图书在版编目（CIP）数据

我们的太阳：十一堂极简太阳物理课 /（挪）保罗・布雷克著；孙正凡译. —桂林：广西师范大学出版社，2017.3（2017.11 重印）
书名原文: Vår Livgivende Stjerne SOLA En Faktabok for Barn og Ungdom
ISBN 978-7-5495-9329-3

Ⅰ. ①我… Ⅱ. ①保…②孙… Ⅲ. ①太阳物理学 Ⅳ. ①P182

中国版本图书馆 CIP 数据核字（2016）第 317797 号

广西师范大学出版社出版发行
（广西桂林市中华路 22 号　邮政编码：541001
网址：http://www.bbtpress.com）
出版人：张艺兵
全国新华书店经销
北京盛通印刷股份有限公司印刷
（北京经济技术开发区经海三路 18 号　邮政编码：100176）
开本：889 mm × 1 194 mm　1/20
印张：8　　字数：118 千字
2017 年 3 月第 1 版　　2017 年 11 月第 2 次印刷
印数：8 001~11 000 册　　定价：39.80 元

如发现印装质量问题，影响阅读，请与印刷厂联系调换。

序言

作者在挪威哈勒斯图亚的太阳天文台蹒跚学步（图片来源：K. Brekke）

我已经迷恋太阳许多年了。这可能并不奇怪，因为我是在奥斯陆北边不远的挪威哈勒斯图亚太阳天文台开始蹒跚学步的，当时我父亲在那里工作。我在奥斯陆大学求学期间，有人把我介绍给奥拉夫·克耶德塞斯－莫教授，他鼓励我以太阳研究作为我的硕士和博士论文主题。他和我的几位老同事在我的太阳物理学家生涯中起到了重要作用。他们都鼓励我花时间进行公众宣传工作。正是我与公众分享关于太阳秘密的兴趣，引导我写了这本书。

这本书中会谈到太阳的性质，它为什么会让人们为之着迷数千年，它如何影响我们的科技社会。我希望这本书能够增加人们对于太阳的兴趣，以及对自然科学的兴趣。太阳是我们了解自然科学的一条很好的途径，因为它以多种形式影响着地球和人类。太阳物理学也跟其他很多科学领域有交叉，举例来说，如物理学、化学、生物学和气象学。

我要感谢为本书做出贡献的每一个人，特别是帮助出版了挪威版的安岛火箭发射场 (ARR)。特别感谢我的同事奥拉夫·克耶德塞斯－莫（奥斯陆大学）、奥德比约恩·恩戈福德（奥斯陆大学）、伯纳德·福莱克（ESA[2]），尤其是斯蒂尔·黑尔（NASA）给了许多有用的意见和建议。我还要感谢特朗德·亚伯拉罕森（ARR）提供了非常美丽的原创插图。

布雷克

写于奥斯陆

太阳和八大行星构成了我们的太阳系。我们只是庞大宇宙里微不足道的一部分（图片来源：NASA[1]）

① NASA为美国国家航空航天局的英文缩写。
② ESA为欧洲空间局的英文缩写。

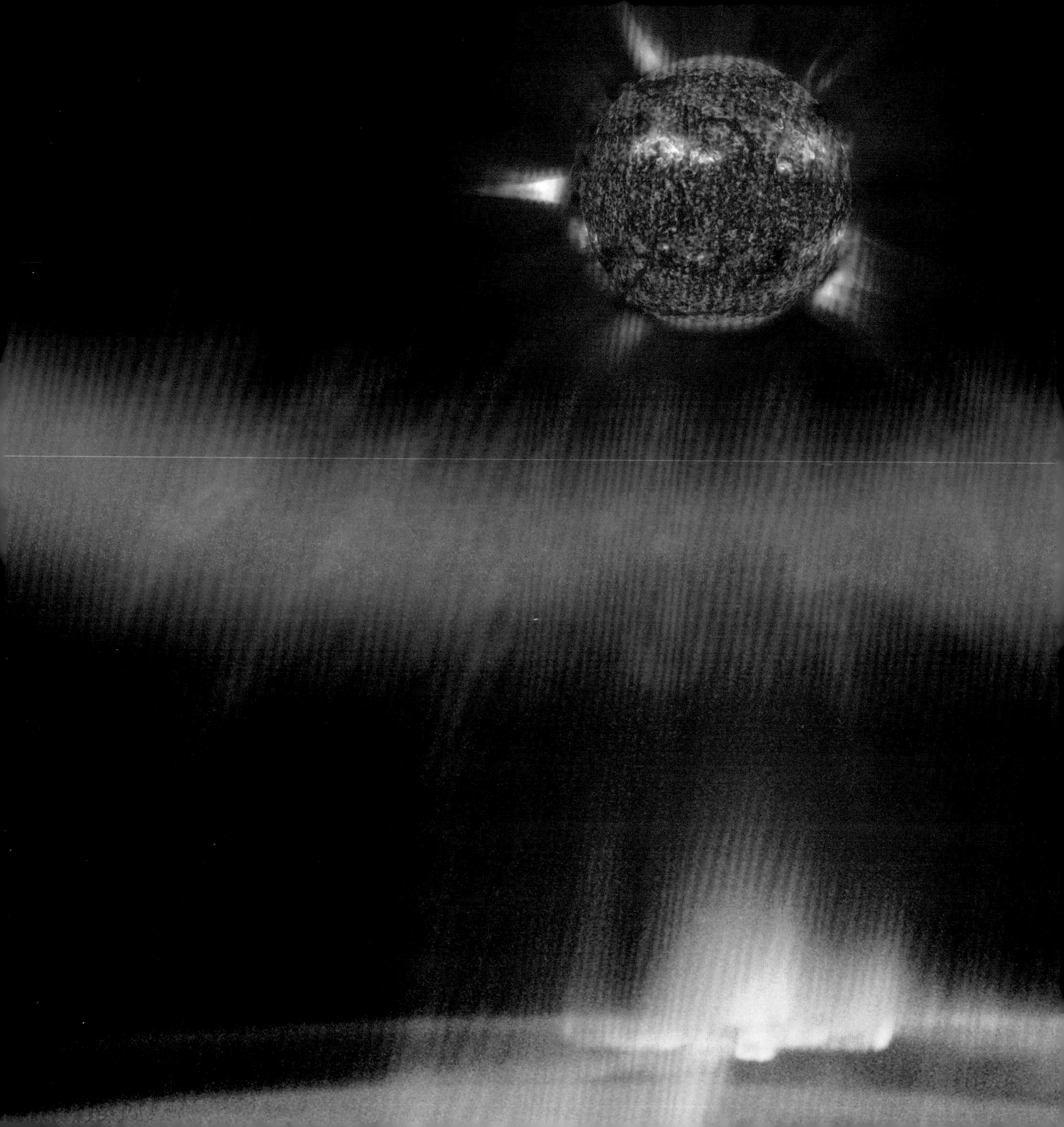

太阳以多种形式影响着地球。其中最壮观的影响之一是迷人的北极光。本图展示的是从国际空间站上见到的北极光(图片来源：S. Hill/NASA)

千亿星海之一

太阳在太阳系中的位置

太阳的结构

我们是怎样研究太阳的？

太阳：一颗变化的恒星

北极光和太空天气

太阳和地球上的生命

我们如何利用太阳

动手参与研究太阳和极光

当代对太阳、极光和太空天气的研究

有用的资源

千亿星海之一

在晴朗的夜晚仰望天空，你能看到许多星星。你是否曾经好奇星星究竟是什么？你知道我们的太阳也是一颗星星吗？

太阳与我们在夜晚看到的闪烁的星星一样。要接受这个观点有点困难，但太阳确实是一颗星星。它们的区别是，夜晚看到的星星在上百亿千米之外，而太阳离我们要近得多。因此，太阳是唯一一颗我们能仔细研究的恒星。通过观测太阳，我们也能了解其他星星的情形。

数千年来，人类凝望星空，对宇宙充满了好奇。他们不知道星星跟太阳如此相像，不知道我们是一个大星系的一部分，也不知道宇宙中有上千亿个星系，更不知道我们只是宇宙 138 亿年历史中短暂的一瞬。

在阿根廷群山之上的银河和麦克诺特彗星（图片来源：M. Druckmuller）

如果只依靠自己的眼睛，我们可能永远不会发现太阳系和其他的星系，现在巨大的地面和太空望远镜能帮助我们探索宇宙。如果没有发明望远镜，我们所知道的就仅有六颗行星、太阳、月亮，以及数千颗恒星而已。

每个人都能看到太阳，但你不能，而且也不要盯着它看。它实在是太亮了，盯着看会损伤你的眼睛。

通过长时间曝光，可以拍摄夜晚星空运动的照片。这是从智利的双子座天文台所见的星空（图片来源：双子座天文台 /P. Michaud）

银河系——我们的宇宙家园

我们裸眼看到的所有星星都属于我们所在的星系——银河系。银河系太大了，以至于连光也要花几十万年才能穿越它。太阳系位于银河系其中一个旋臂上。太阳是银河系里 2 000 多亿颗恒星之一。宇宙中有百十亿个星系，因此恒星数目数不胜数。但仍有一些科学家试图找出这个数字，他们估计约 300 000 000 000 000 000 000 000（3 000 万亿亿）颗恒星。这个数字大约是地球上所有沙粒（包括所有海滩和沙漠）总数的 3 000 倍。即便如此，从地球上裸眼也只能看到 5 000~8 000 颗恒星，从特定的地点只能看到约 2 500 颗。

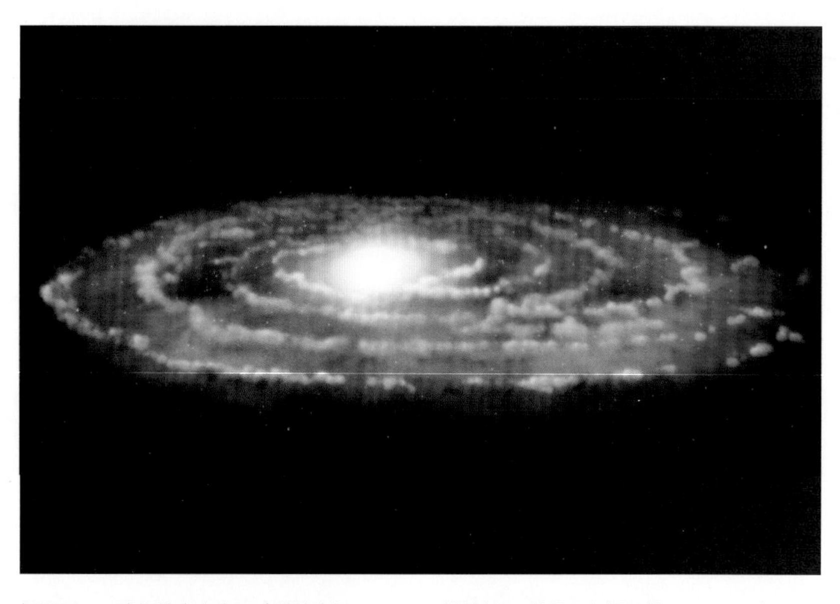

银河系——我们的宇宙家园（图片来源：NASA/ 钱德拉 X 射线天文望远镜 /M.Weiss）

趣味知识：如果你尝试数完银河系中所有的恒星，每秒钟数一颗，也要花 6 000 年才能数完。（但是，50 年后，你就会厌烦得忘记数到哪里了吧！）

趣味知识：太阳与周围的行星一起，正在以每秒 250 千米，也就是每小时 90 万千米的速度绕着银河系飞奔。即使速度这么快，太阳也得花上 2.4 亿年才能绕行银河系一周。

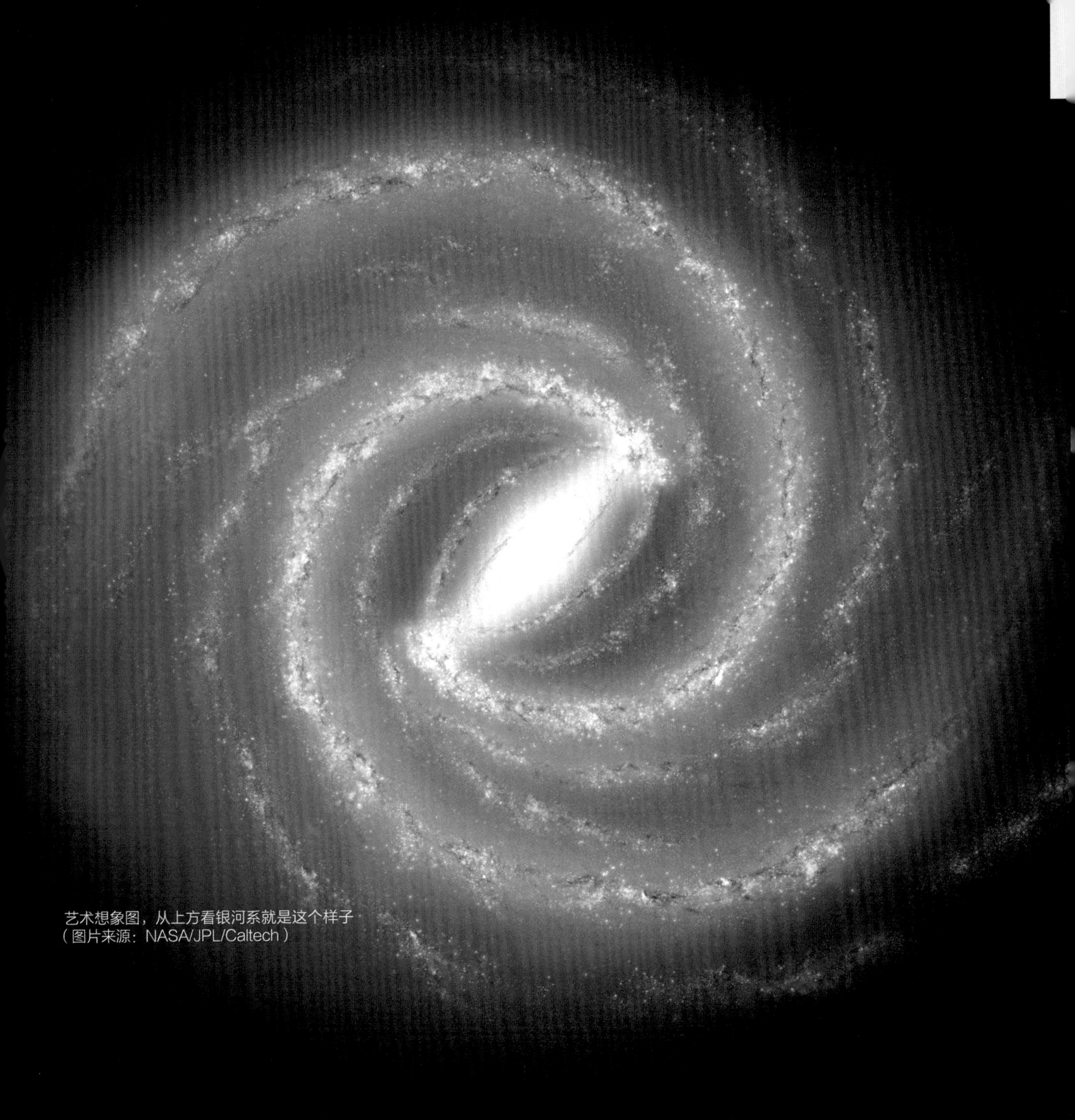

艺术想象图，从上方看银河系就是这个样子
（图片来源：NASA/JPL/Caltech）

太空中的距离

宇宙中恒星等天体之间的距离远得不可思议。这样的话，用米或者千米来度量就不太实际了。因此天文学家用“光年”作为太空中的距离单位。

1 光年是光在 1 年时间里走过的距离。光的运动速度非常快——大约每秒 30 万千米！如果你能跑这么快，1 秒之内就能在伦敦和纽约之间往返 20 次了。

那么，1 光年是多少千米呢？光速是每秒 299 792 千米，算式就是 299 792 千米 ×60 秒 ×60 分 ×24 小时 ×365 天 ≈ 9 460 000 000 000 千米，即 9.46 万亿千米。这是一个令人难以置信的大数字。

我们在测量太空中的距离时，米尺不怎么好用（图片来源：T. Abrahamsen/ARS）

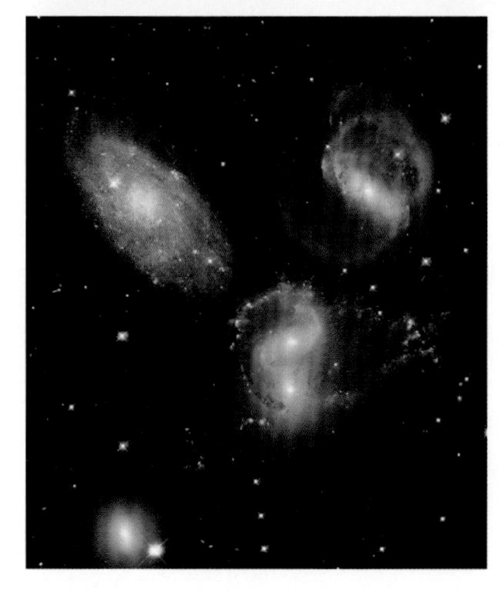
哈勃太空望远镜已经观测到了大量各种形状的星系。我们到这几个星系的距离约为 130 亿光年（图片来源：NASA）

5 年前爆炸的一颗恒星的光仍继续在周围的气体云中前行。气体反射星光从而让我们能看见气体云（图片来源：NASA）

太阳与其他恒星对比

太阳是一颗非常普通的恒星。有的恒星大小足足是太阳的2 000倍，有些仅仅是太阳的百分之一。牧夫座的大角星直径是太阳的25倍，我们没注意到它，是因为它距离我们超过37光年。但是如果你知道北斗七星在哪里，就很容易找到它了，只要沿着斗柄的方向向南，你就会看到这颗亮星。

毕宿五的直径是太阳的44倍，它距离我们超过64光年。心宿二比太阳大480倍，它距离我们超过600光年。目前已知的最大恒星是大犬座VY，约比太阳大2 000倍，距离我们超过4 900光年。

沿着北斗七星的斗柄，就能很容易找到大角星（图片来源：T. Abrahamsen/ARS）

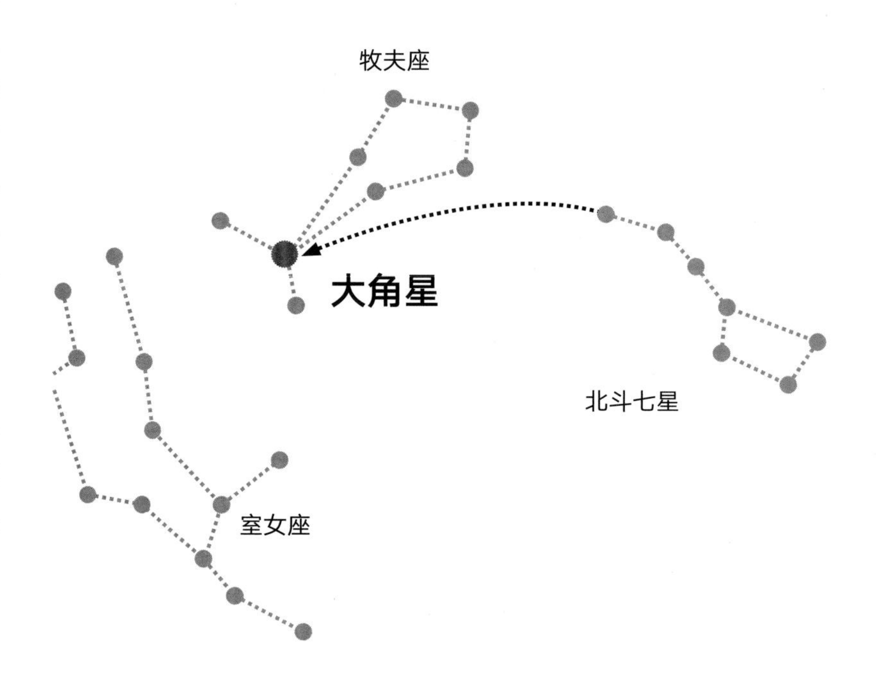

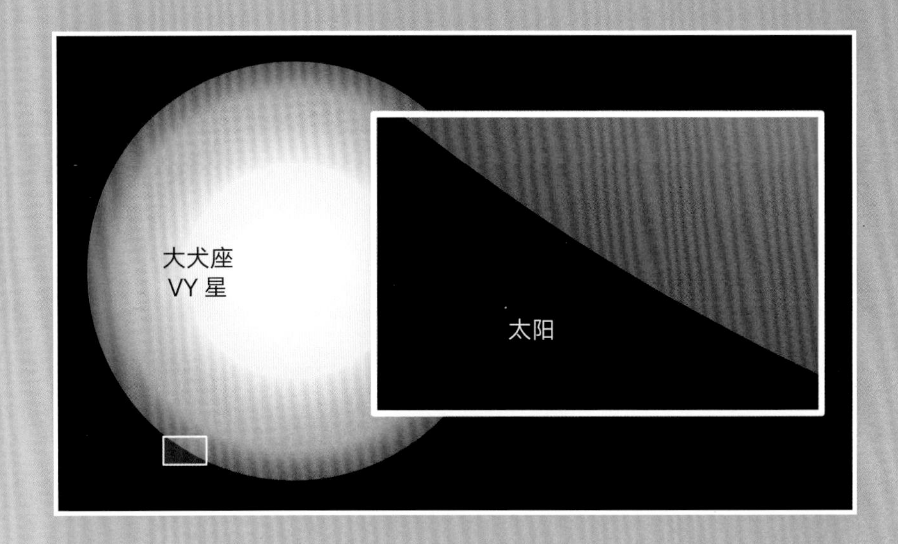

太阳与一些巨大恒星的对比（图片来源：T. Abrahamsen/ARS）

离我们最近的恒星邻居

离我们最近的恒星邻居是半人马座比邻星和半人马座阿尔法 A 星和 B 星，它们组成了一个三合星系统。

比邻星是其中最小的，表面温度仅有 2 400 开尔文[③]，发出的光仅仅是太阳的 1/13 000，是已知最暗的恒星之一。半人马座阿尔法 A 星的大小跟太阳差不多。

比邻星和太阳的距离是 4.22 光年，也就是 39 924.576 000 000 千米，即 39.92 万亿千米。也就是说，我们今天看到的比邻星的光是 4 年前发出的。

想象一下，要是你去这颗星旅行，要怎么办才行呢？参见右侧的趣味知识栏。

离我们最近的星系是仙女星系，它离我们有 250 万光年。我们今天观察到的来自仙女星系的光芒，在 250 万年之前就已经开始太空之旅了。因此我们看到的是 250 万年之前的事件。

半人马座阿尔法 A 星和 B 星是图中两颗亮星，而半人马座比邻星太暗了所以很难发现（图片来源：M. Lorenzi）

趣味知识：如果你以 100 千米 / 小时的速度开车，要经过 4 700 万年才能开到半人马座比邻星。相比之下，你开车约 170 年就能到达太阳。

100

趣味知识：如果你能借用飞行速度为 27 600 千米 / 小时的航天飞机，也要用上 168 000 年才能到达比邻星。

③ 开尔文是国际单位制中的温度单位，用开氏度（符号K）表示。

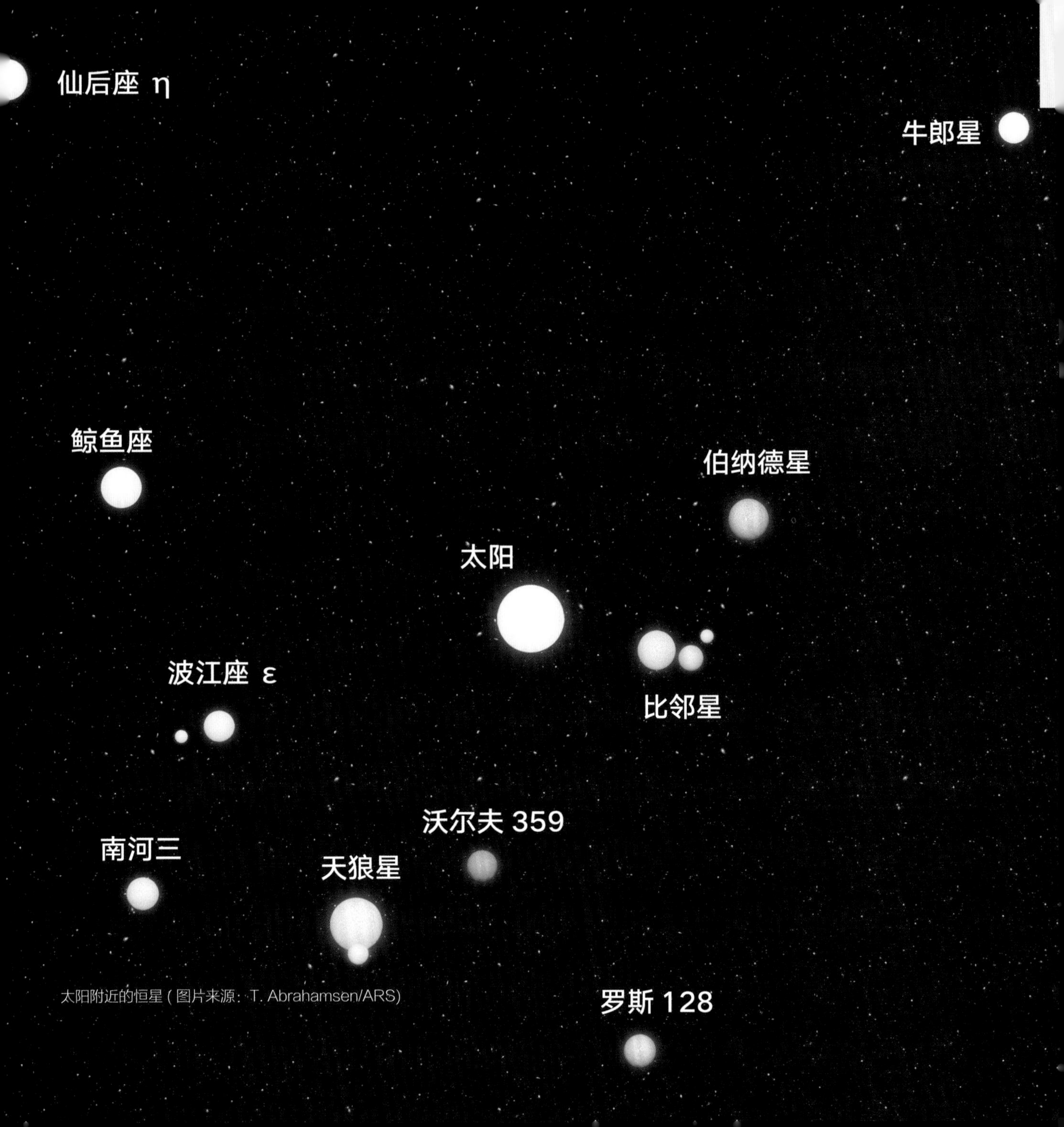

仙后座 η

牛郎星

鲸鱼座

伯纳德星

太阳

波江座 ε

比邻星

沃尔夫 359

南河三

天狼星

罗斯 128

太阳附近的恒星（图片来源：T. Abrahamsen/ARS）

其他著名恒星

北斗七星可能是最著名的星群了，它是大熊星座的一部分。尽管同一星座中的恒星看上去彼此挨得很近，但实际上它们可能远隔许多光年。北斗七星斗柄末端的星叫摇光，距离太阳 210 光年。与摇光相邻的开阳星距离太阳只有 88 光年。摇光和开阳之间的距离是 122 光年，也就是超过 100 万亿千米。北斗七星中最亮的星是天枢星，是一颗黄色的超巨星，比太阳亮 145 倍，距离太阳 100 光年。

著名星座猎户座中最亮的星是参宿七，距离我们 900 光年。它比太阳亮 6 万倍，所以我们应该庆幸我们离它不太近。左上方的黄红色星是参宿四，是一颗距离我们 518 光年远的红超巨星。它的体形太庞大了，如果它处在太阳的位置上，就会吞下地球和火星。

昴星团是一个很容易在夜空中找到的疏散星团，这些恒星离我们 440 光年。早在约 400 年前，伽利略就用他的望远镜观察过这个星团。

这里有一个有趣的想法：假如，40 年后，你居住在这些恒星旁边的一颗行星上，并拥有一架超级望远镜，你将会看到一些令人惊奇的事情。如果你把望远镜指向地球，你实际上会看到伽利略在盯着你。因为光从地球到达昴星团要用 440 年，你实际上看到的是 440 年之前的历史。

昴星团是一个非常容易看到的疏散星团，其中有非常漂亮的尘埃云。这些恒星离太阳约 440 光年 (图片来源：M. Fjørtoft)

北斗七星

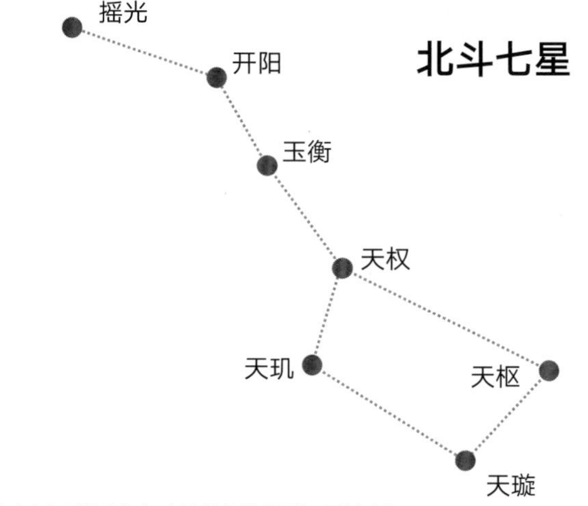

北斗七星可能是北半球最著名的星群 (图片来源：T. Abrahamsen/ARS)

猎户座由各种不同颜色的恒星组成，左上角可以看到的参宿四是一颗红超巨星，右下角是明亮的蓝色恒星参宿七（图片来源：M. Fjørtoft）

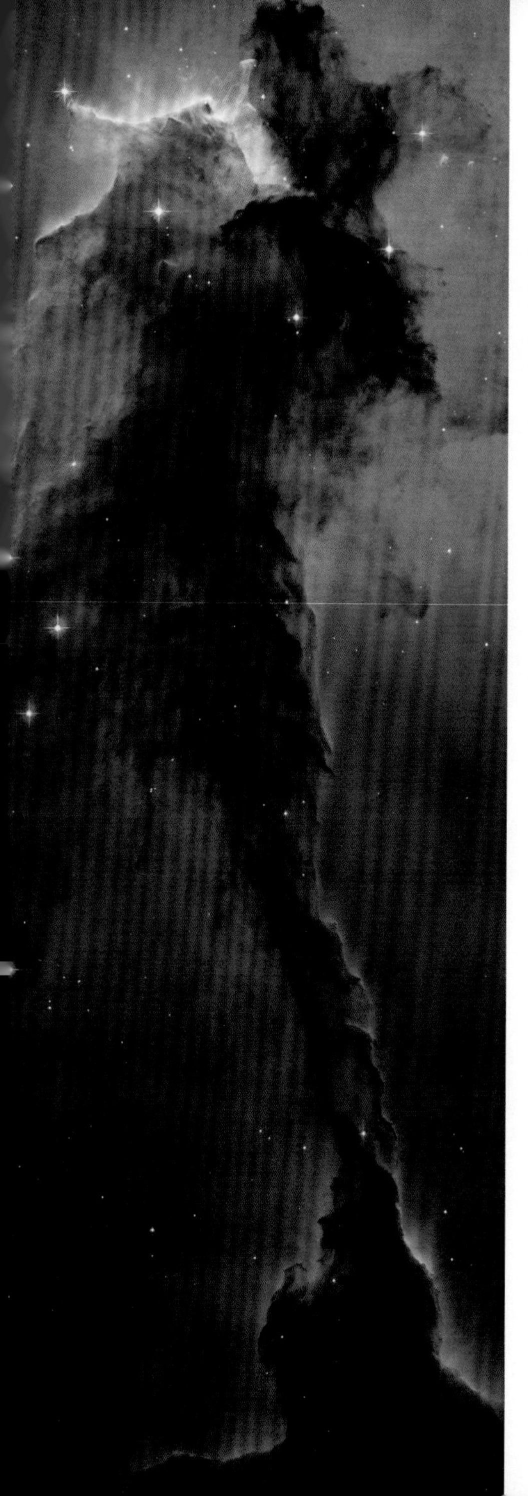

猎户星云中一颗新诞生的恒星，周围还带有尘埃和气体盘。盘上收缩的气体可能很快就会形成一些行星 (图片来源：M.J. McCaughrean (MPIA), C.R. O’Dell (Rice)，NASA/ESA)

恒星产房

太空中随时都有恒星诞生和死亡。太空中的大片气体和尘埃云，我们称之为星云。当一片寒冷的气体和尘埃云收缩时，一颗恒星就诞生了。在某个时间，中心区域变得非常致密、炽热，核反应被点燃，于是恒星就被“点亮了”。有时，在新诞生的恒星周围，残余的气体和尘埃会形成一些行星。

这几张图片是一些星云的例子，我们通常称之为恒星产房。在图上我们很难确定它们的大小。左边图上的气体柱长度约 10 光年，也就是比太阳和离我们最近的恒星比邻星之间距离的两倍还要长。

这个看起来很诡异的鹰状星云，是一个巨大的恒星产房，新的恒星在其中诞生 (图片来源：NASA)

从鹰状星云中我们可以看到科学家所谓的“恒星蛋”，其中的气体正在收缩形成新的恒星（图片来源：NASA）

艺术想象图，在一颗年轻恒星周围的尘埃中掩藏着新诞生的行星（图片来源：NASA/JPL-Caltech/R. Hurt）

太阳在太阳系中的位置

此图表现了我们所在的太阳系刚诞生时可能的样子 (图片来源：NASA/FUSE/Lynette Cook)

太阳系的诞生

太阳系约诞生于 45 亿年前。天文学家认为太阳和八大行星是从一片坍缩的尘埃和气体云中诞生的。附近一颗恒星爆炸，比如超新星，使这片气体云开始收缩。随着气体云收缩得越来越致密，引力增强，星云温度变得越来越高。在某个时间，中间部分发生核反应，一颗新恒星由此诞生。离恒星更远的地方，气体和尘埃也在坍缩，这些小团块后来成为行星、卫星、彗星和小行星。

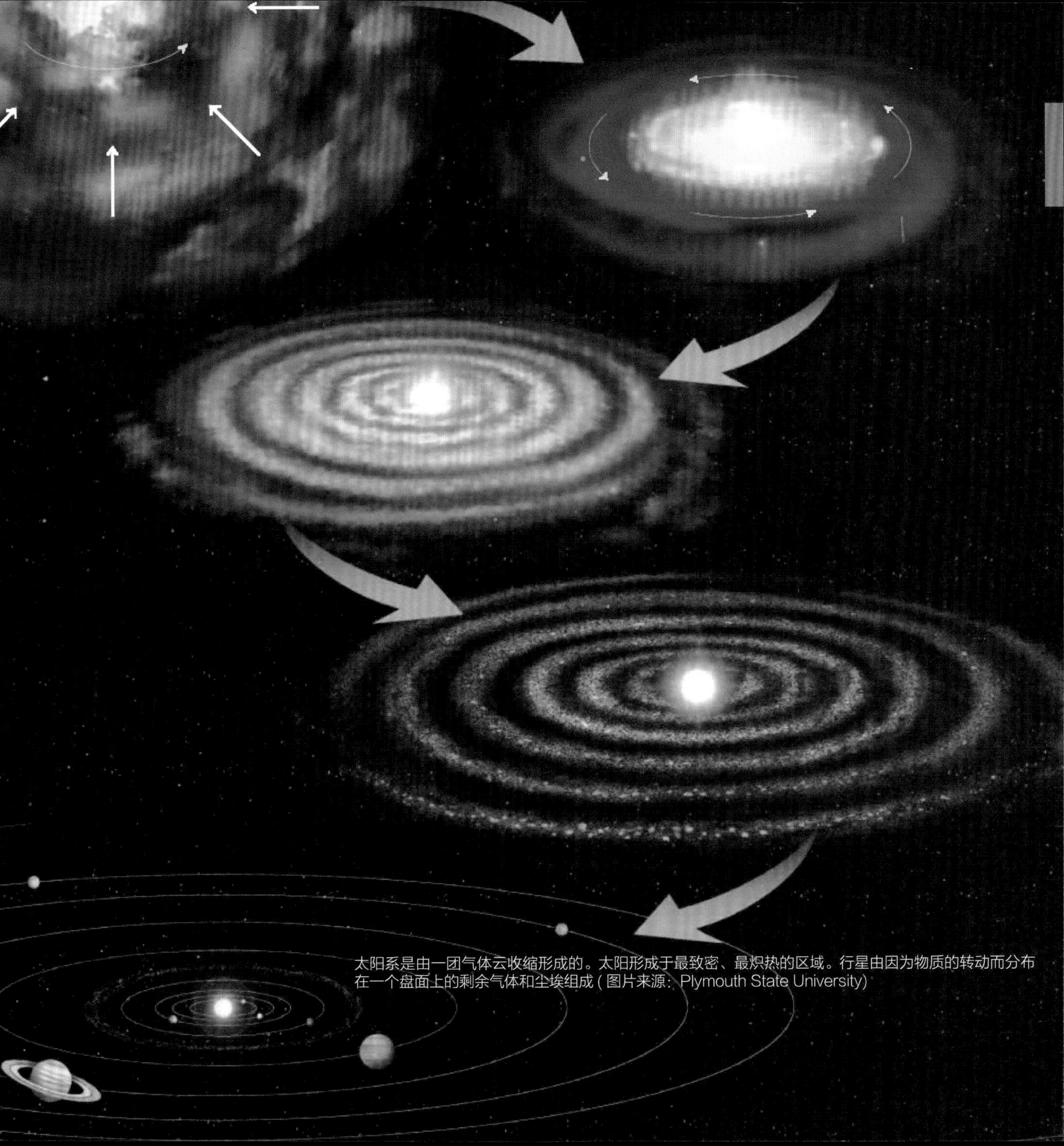

太阳系是由一团气体云收缩形成的。太阳形成于最致密、最炽热的区域。行星由因为物质的转动而分布在一个盘面上的剩余气体和尘埃组成（图片来源：Plymouth State University）

太阳的生命周期

太阳大约 45 亿岁，是从一片气体云中诞生的。气体云发生收缩，当中心部分的压力和温度足够高的时候，核反应开始，太阳就诞生了。

在接下来的 50 亿年中，越来越多的氢元素“燃料”将被转化成氦元素，太阳的温度将会升高。随着所有的氢“燃料”消耗完，太阳将会膨胀成为一颗红巨星，吞噬水星、金星，可能还包括地球。它将会比现在大 250 倍。然后太阳将会抛出它的外层，同时质量减少。被抛出的气体会形成行星状星云，围绕着剩余的炽热核心，太阳将变成一颗白矮星。这颗白矮星只有地球大小，它会缓慢变冷，最终在接下来的几十亿年里变得暗淡。这就是像太阳这样的质量相对较小的恒星的生命周期。

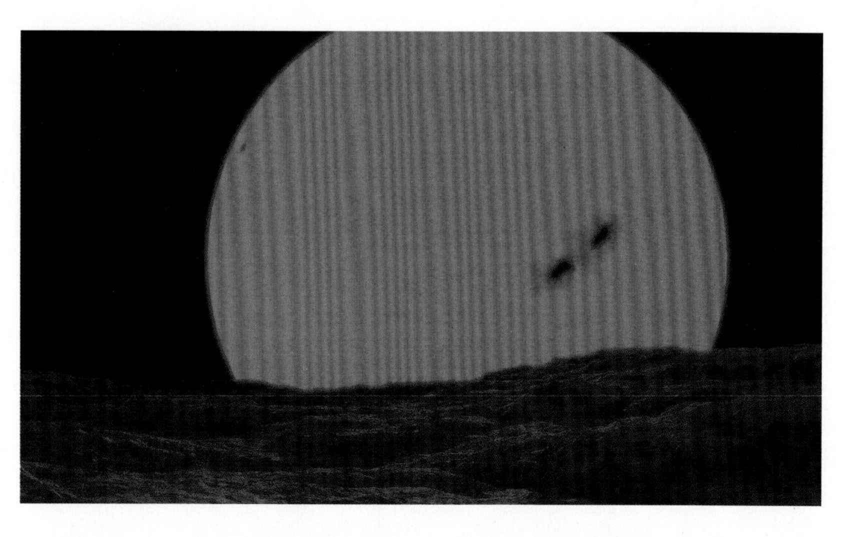

艺术想象图，从生命已经灭绝的地球上观看快速膨胀的太阳，大概就是这样子 (图片来源：J.Bryant)

太阳生命周期 140 亿年 (图片来源：T. Abrahamsen/ARS)

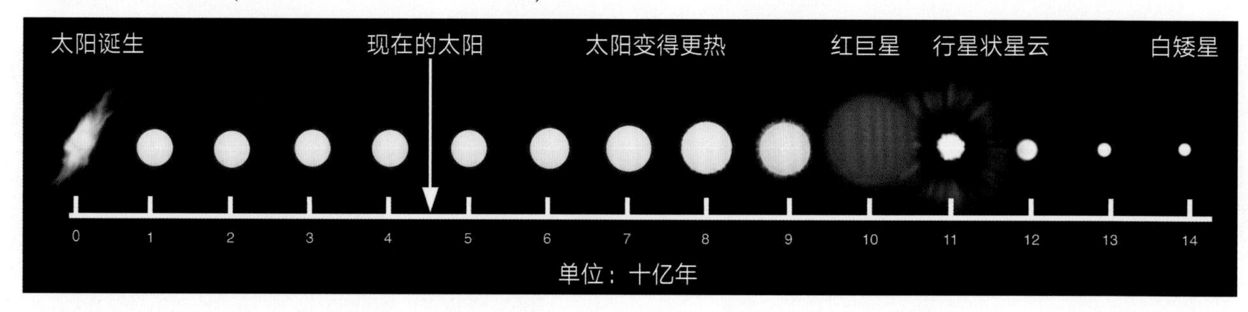

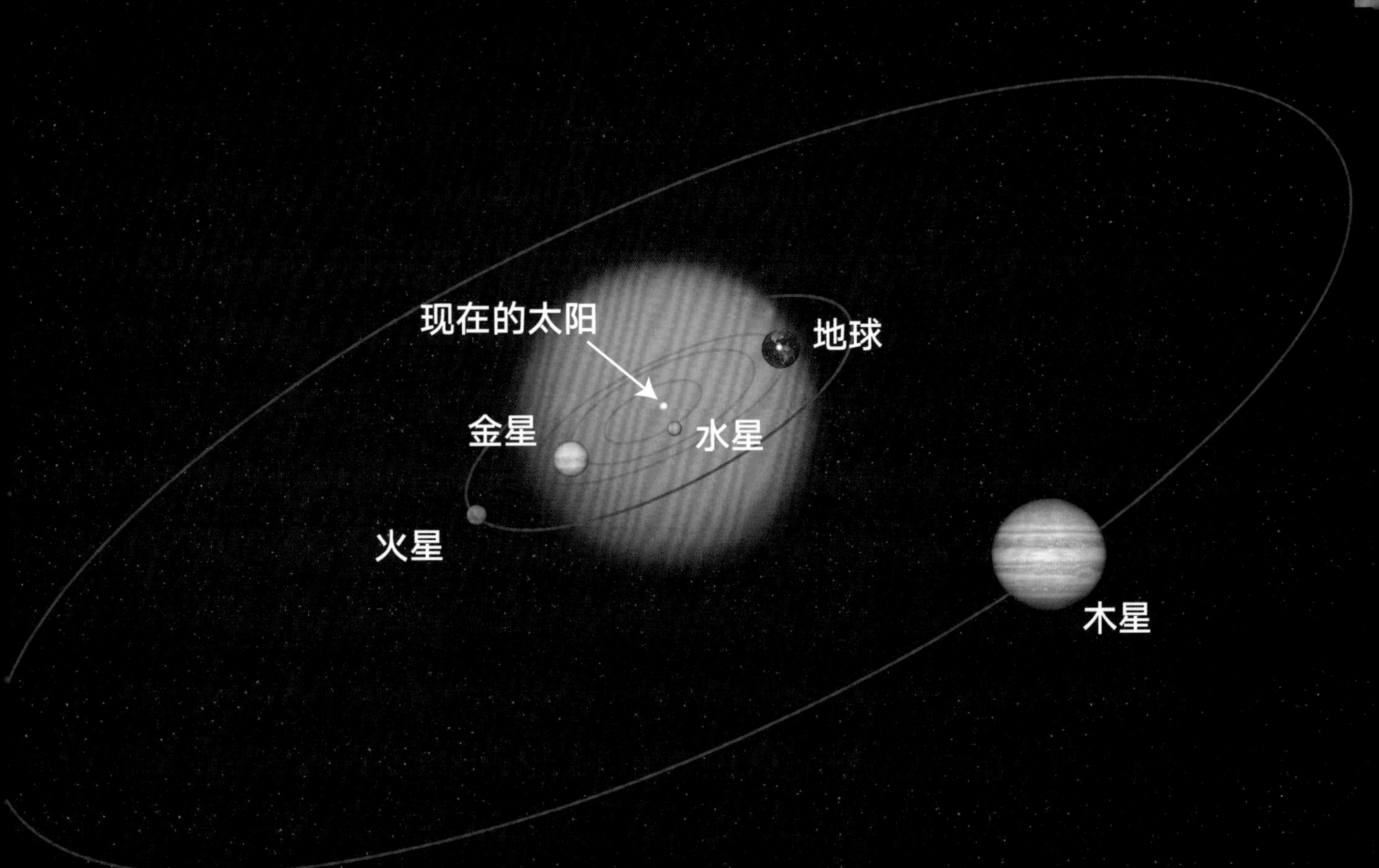

约 50 亿年后，太阳将会膨胀，并吞噬水星、金星，可能也包括地球 (图片来源：T. Abrahamsen/ARS)

太阳系

太阳是太阳系的中心，也是太阳系中最大的天体，包含了超过整个太阳系 99.8% 的质量。八大行星在各自的轨道上围绕太阳运行，因太阳引力而保持各自的位置。另外，还有数十亿个小天体在围绕太阳运动，如小行星、彗星、卫星和矮行星等。

四个带内（小行星带以内）行星——水星、金星、地球和火星——叫作岩质行星，都相对较小。更外侧是大个头的气态行星——木星、土星、天王星和海王星。海王星之外是奇特的小个头的矮行星冥王星。冥王星起初被视为行星，后来被重新分类为矮行星。

这是一张由 SOHO④卫星拍摄的奇特照片，卫星上的广角光谱日冕仪望远镜观测了靠近太阳的多个行星。望远镜内置的挡板屏蔽了来自太阳表面的亮光，创造了人造日全食。照片上可以看见水星、金星、木星、土星和昴星团。在挡板外侧，可以看到被遮挡的太阳抛射出来的大量气体。行星旁边的水平条纹是数码相机造成的（图片来源：ESA/NASA）

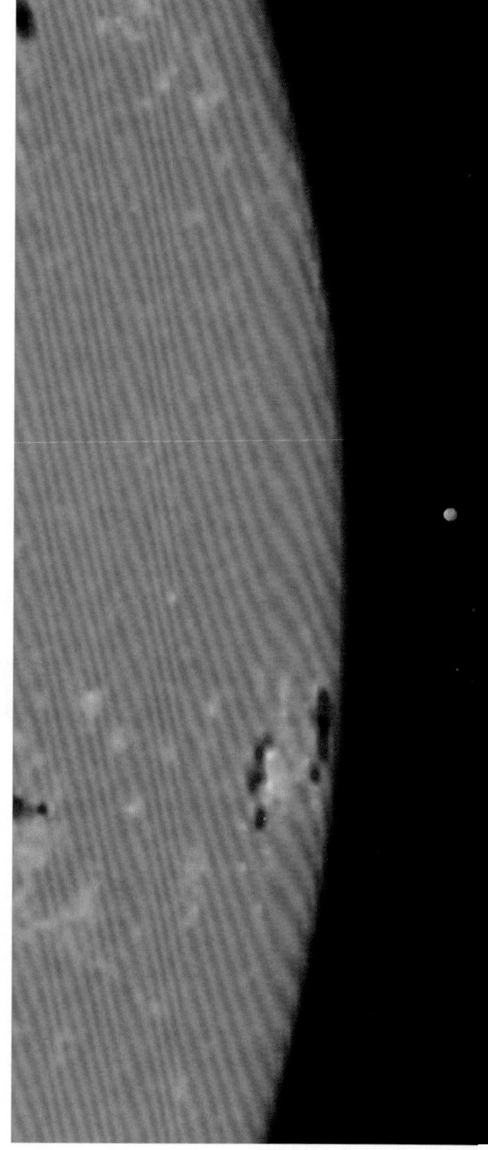

④ SOHO为太阳和日光层天文台。

太阳、八大行星和冥王星的大小比例。它们之间的距离未按比例排列 (图片来源：NASA)

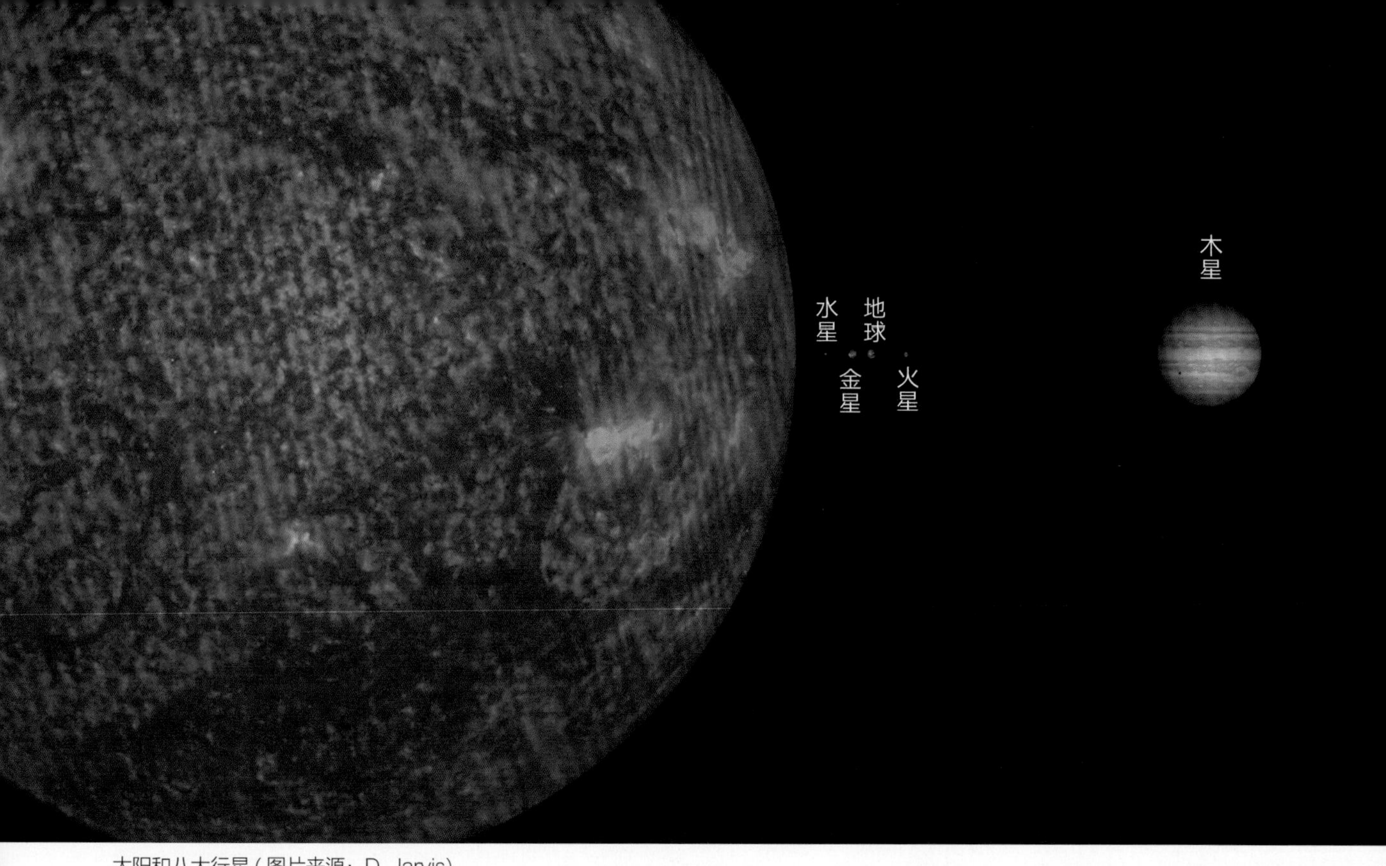

太阳和八大行星（图片来源：D. Jarvis）

太阳系的大小

为了更好地理解太阳系之广袤，你可以构建一个比例为100亿分之一的模型。在这个模型里，地球直径是1.3毫米，也就是一个针头大小。月亮在4厘米远处绕地球转动。太阳的大小就像一颗葡萄。如果你拿着地球，你的朋友拿着太阳，那么他/她得站到离你15米远的地方才符合正确的比例。

在这个模型中，木星直径是1.5厘米，离太阳约75米。土星与太阳的距离是150米，天王星和海王星与太阳的距离分别是300米和450米。最近的恒星离你的太阳4 400千米，大约相当于纽约到洛杉矶的距离。

土星

天王星

海王星

如果地球的大小如篮球，太阳的位置在华盛顿特区的华盛顿纪念碑处，地球的位置就在阿灵顿国家公墓附近。水星的位置在林肯纪念堂旁边，金星的位置在国会附近，而火星的位置是在国家植物园，天王星的位置在杜勒斯国际机场，海王星位于葛底斯堡 (图片来源：Google map)

岩质行星

太阳系的带内行星都跟地球很像，主要由岩石和金属构成，具有坚硬的地壳。它们的密度相对较高，自转非常缓慢，没有光环，卫星也很少。

地球是其中最大的，也是唯一有液态水的行星。火星与地球最为相似，在火星上面我们发现了古老的峡谷，这里曾经有过流水。它的两极冠被冰覆盖。有一些轨道飞行器、着陆器、自动探测车已经详细探索过火星表面。终极问题是，在火星上是否存在过某种形式的生命？

四个最内侧行星的大小比例 (图片来源：T. Abrahamsen/ARS/NASA)

勇气号火星车拍到的全景 (图片来源：NASA)

火星表面呈现红色，两极冠被冰雪覆盖 (图片来源：NASA)

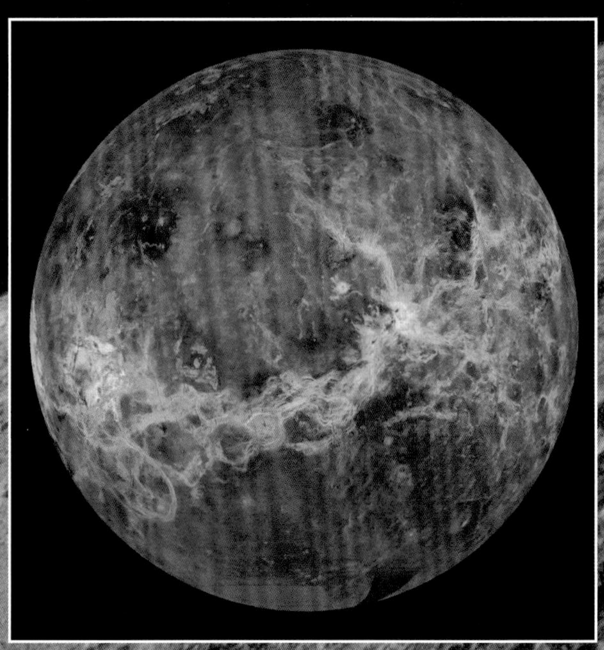

金星上覆盖着浓云，但用特殊设备仍能够穿透云层拍到金星表面的照片 (图片来源：NASA)

水星上有许多陨石坑 (图片来源：NASA)

气态巨行星

带外行星通常也叫作气态巨行星（木星、土星、天王星、海王星），尽管它们的成分既有气体，也有液体和冰。它们主要由氢气和氦气组成，密度相对较低。天王星和海王星的深处还有大量高压的水。它们的自转比带内行星要快得多，还有范围很广的大气层。土星以令人惊叹的光环系统而闻名，其他气态巨行星也有光环。

这些气态巨行星都有大量的卫星。木星已知有 67 颗卫星，而土星有 62 颗。土星最大的卫星之一土卫六（又称为泰坦星），颇为神秘，覆盖着厚厚的云层。2005 年，惠更斯号探测器在土卫六着陆，发回的照片向我们展示了土卫六表面的样子。

大型气态巨行星的比例，它们比所有内侧岩质行星都大（图片来源：T. Abrahamsen/ARS/NASA）

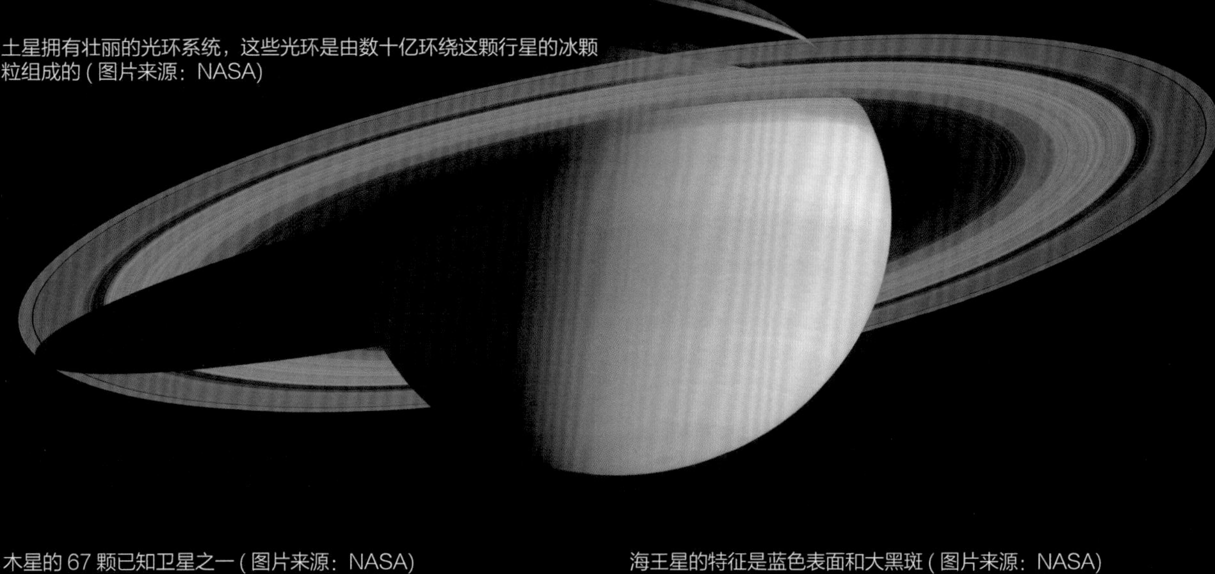

土星拥有壮丽的光环系统，这些光环是由数十亿环绕这颗行星的冰颗粒组成的 (图片来源：NASA)

木星的 67 颗已知卫星之一 (图片来源：NASA)

海王星的特征是蓝色表面和大黑斑 (图片来源：NASA)

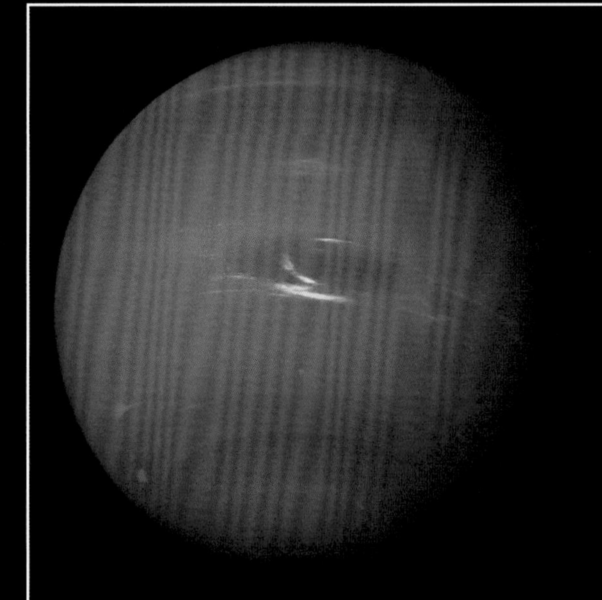

从航天飞机上看到的一次壮丽的日落。在图的右上部，可以看到航天飞机的部分机械臂 (图片来源：NASA)

太阳和地球

我们经常说太阳“升起了”，太阳“下山了”。不过我们知道，太阳并不是这样运动的，而是地球在自转。地球自转一周需要24 小时，这也是地球上会有白天和黑夜的原因。地球的自转还是恒星和行星在夜空中看上去每天升起落下的原因。

下页的图是太阳和地球，找到地球是不是很费力？因为太阳实在是比地球大太太……多了。你会看到，地球只是右下角的一个小亮点儿。

地球的直径大约是 12 742 千米，而太阳的直径是 140 万千米。109 个地球可以并排穿过太阳。如果你要用地球这样大小的行星填满太阳，那么需要 130 万个。

趣味知识：既然太阳比地球“重”30 万倍，那么太阳的引力也比地球要大得多。假设你在地球上重 35 千克，如果你能站在太阳上，重量就会超过 1 000 千克。

趣味知识：地球以每小时 10.8 万千米的速度围绕太阳运行。但我们在地球上不会觉得在吹这样的大风。

太阳，以及右下角微小的地球（图片来源：SDO[5]/NASA）

⑤ SDO为太阳动力学天文台。

我们到太阳的距离

太阳在天上看起来相当小，因为它离我们实在太远了。我们与太阳之间的距离是 1.5 亿千米，太阳光经过 8 分 20 秒才能到达地球。如果你乘坐飞机飞向太阳，大约要花上 17 年时间才能到达，那时候你的年龄是多少？如果你再返回地球，年龄又是多少呢？

趣味知识： 1.5 亿千米的距离，很难想象。如果你有一根这么长的毛线，把它团起来就是一个直径 75 米的球。它的重量是 6 千万千克，也就是 6 万吨。这大概相当于 30 架航天飞机的重量。这么多毛线足够织供 2 亿人穿的毛衣。

如果你以每小时 100 千米的速度开车，要花上 170 年才能到达太阳。如果以每小时 13 千米的速度骑马，要花上 1 317 年；如果步行（每小时 5 千米），要花上 3 242 年才能到达太阳。

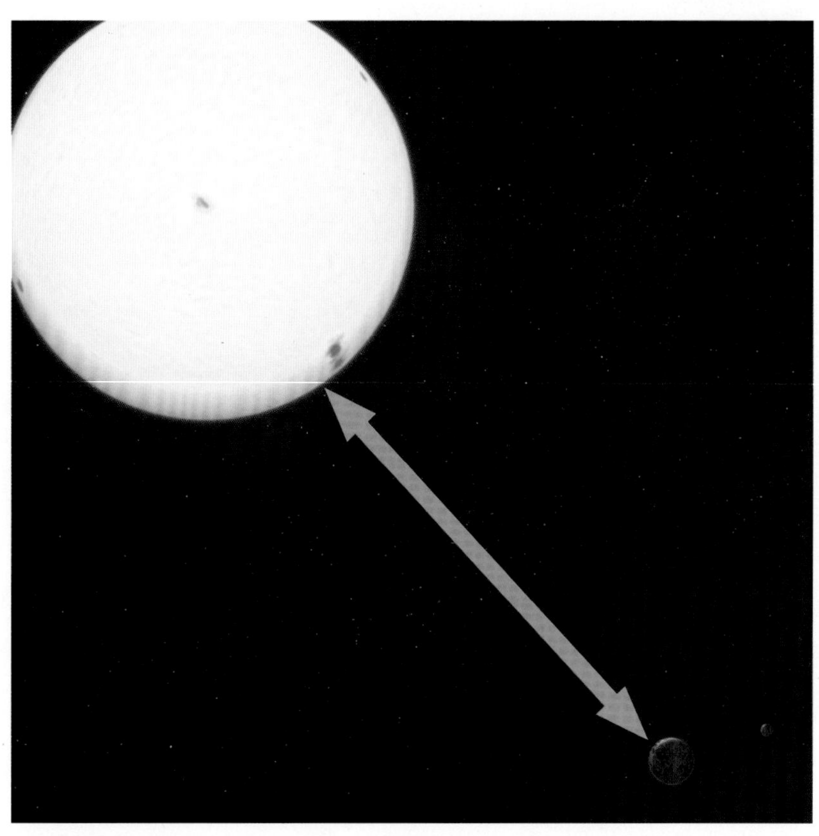

从地球到太阳的距离是 150 000 000 千米 (图片来源：T. Abrahamsen/ARS)

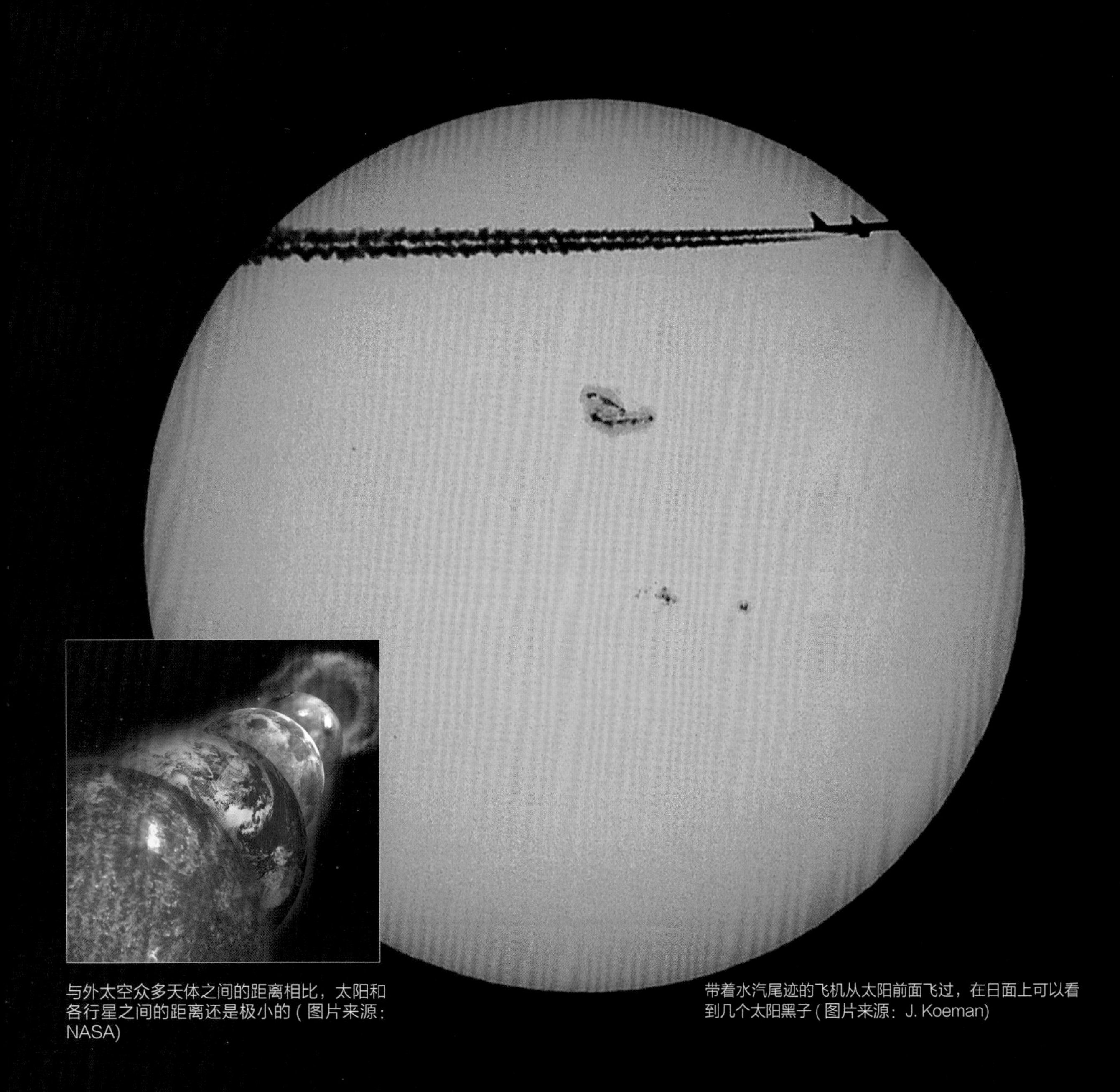

与外太空众多天体之间的距离相比，太阳和各行星之间的距离还是极小的（图片来源：NASA）

带着水汽尾迹的飞机从太阳前面飞过，在日面上可以看到几个太阳黑子（图片来源：J. Koeman）

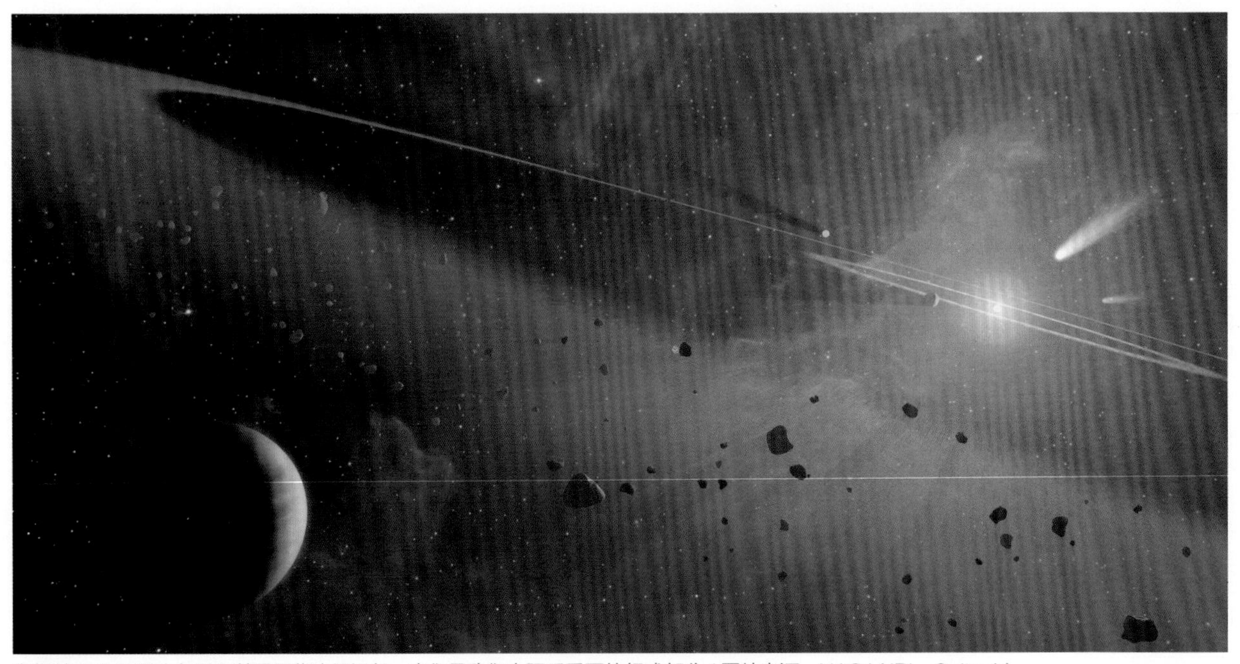
有超过 100 万颗小行星和彗星围绕太阳运行，它们是我们太阳系重要的组成部分 (图片来源：NASA/JPL-Caltech)

小行星和彗星

在火星和木星之间，我们能找到小行星带，这里有大量围绕太阳运动的小行星。小行星是不规则的岩石，最大的直径有几百千米。在很偶然的情况下，小行星会脱离轨道，还可能撞击地球。这样的碰撞对我们的地球来说是灾难性的，因此科学家们建立了探测朝地球飞行的小行星的监控系统。

彗星是由冰、岩石、尘埃和凝固的气体组成的，在扁长的椭圆轨道上围绕太阳运行。一些彗星绕太阳运行的周期只要几年时间，还有一些要用百万年。

彗星靠近太阳时会被加热升温，冰与凝固的气体蒸发。它们与尘埃在彗核周围形成巨大的晕。来自太阳的辐射把气体和尘埃粒子“吹”离彗核，形成标志性的彗尾。

彗星在轨道上留下一条尘埃和粒子带。当地球经过这些彗星残迹时，我们会见到大量的流星，称之为流星雨 (图片来源：NASA/JPL-Caltech/P. Pyle)

1997 年 4 月 8 日的海尔 - 波普彗星。这颗彗星既有一条宽大的尘埃彗尾，也有一条气体彗尾，轨道周期约 2 400 年 (图片来源：M. Druckmuller)

伽利略探测器拍摄的小行星艾达与它的小卫星艾卫，这是第一颗被发现的小行星的卫星 (图片来源：NASA)

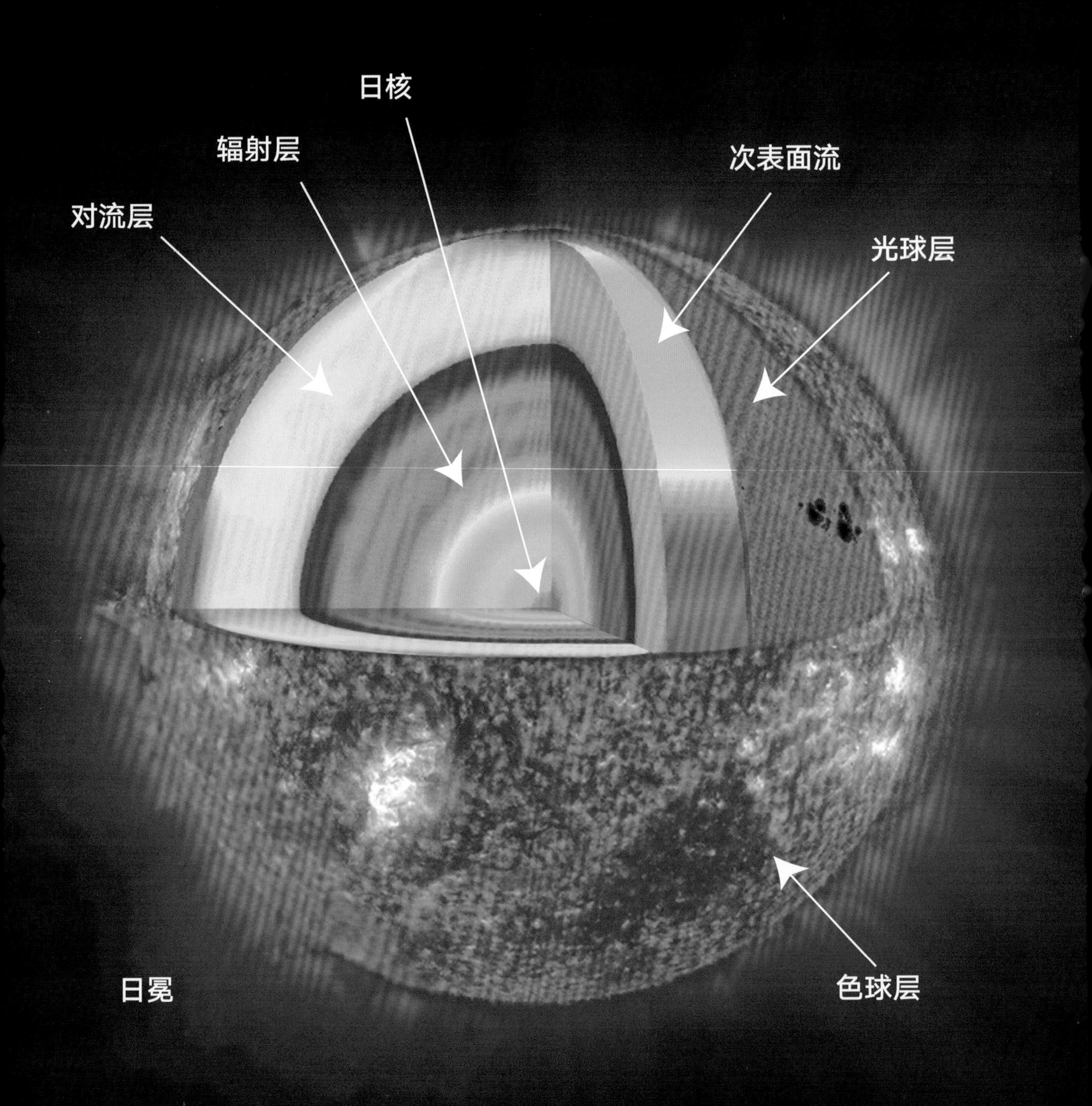

日核
辐射层
次表面流
对流层
光球层
日冕
色球层

太阳从核心到外层大气的结构（图片来源：S. Hill/ESA/NASA)

太阳的结构

阿兹特克历法石，也叫太阳石，是一座巨大的石头雕塑，1790 年 12 月 17 日在墨西哥城的宪法广场出土。这座石头雕塑刻于 15 世纪后期。石雕中心是太阳神托纳提乌。雕塑其他部分表现的是阿兹特克人的宇宙观，他们认为在他们存在之前世界曾经历过 4 次创生和毁灭，每次轮回称为一个太阳纪。

太阳的结构

太阳炽热而致密的核心是能量产生的地方，日核直径约17.5万千米。在日核之外的日层中能量通过电磁辐射（也叫光子）传递，这部分称为辐射层。

辐射通过周围原子的相互作用进行传递。其中一些原子能够吸收能量，并存储一段时间，然后再把能量以新辐射的形式发射出来。从日核产生的能量以这种方式，通过原子和原子之间的传递作用穿过辐射层。

再向外我们会看到对流层，这里的能量以沸腾湍流的形式进行传递，就像一锅沸腾的热汤一样。

我们可以看到的太阳表面称为光球层，厚度只有400千米。在光球层之上是色球层，它是一层非常薄的炽热气体，仅有几千千米厚。在色球层之外是日冕，也就是太阳大气层的最外部。

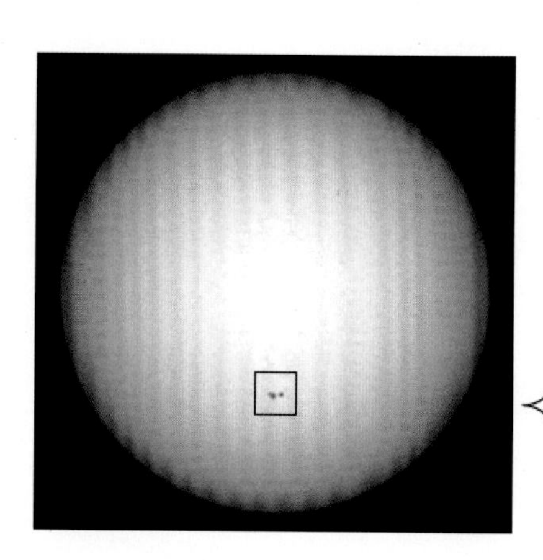

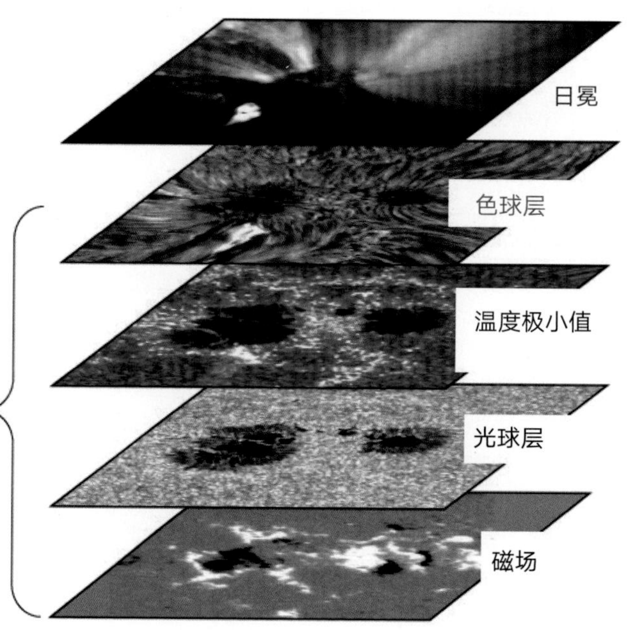

通过在望远镜上安装不同的滤波片，我们可以研究太阳大气层的不同层次（图片来源：NAOJ/ITA）

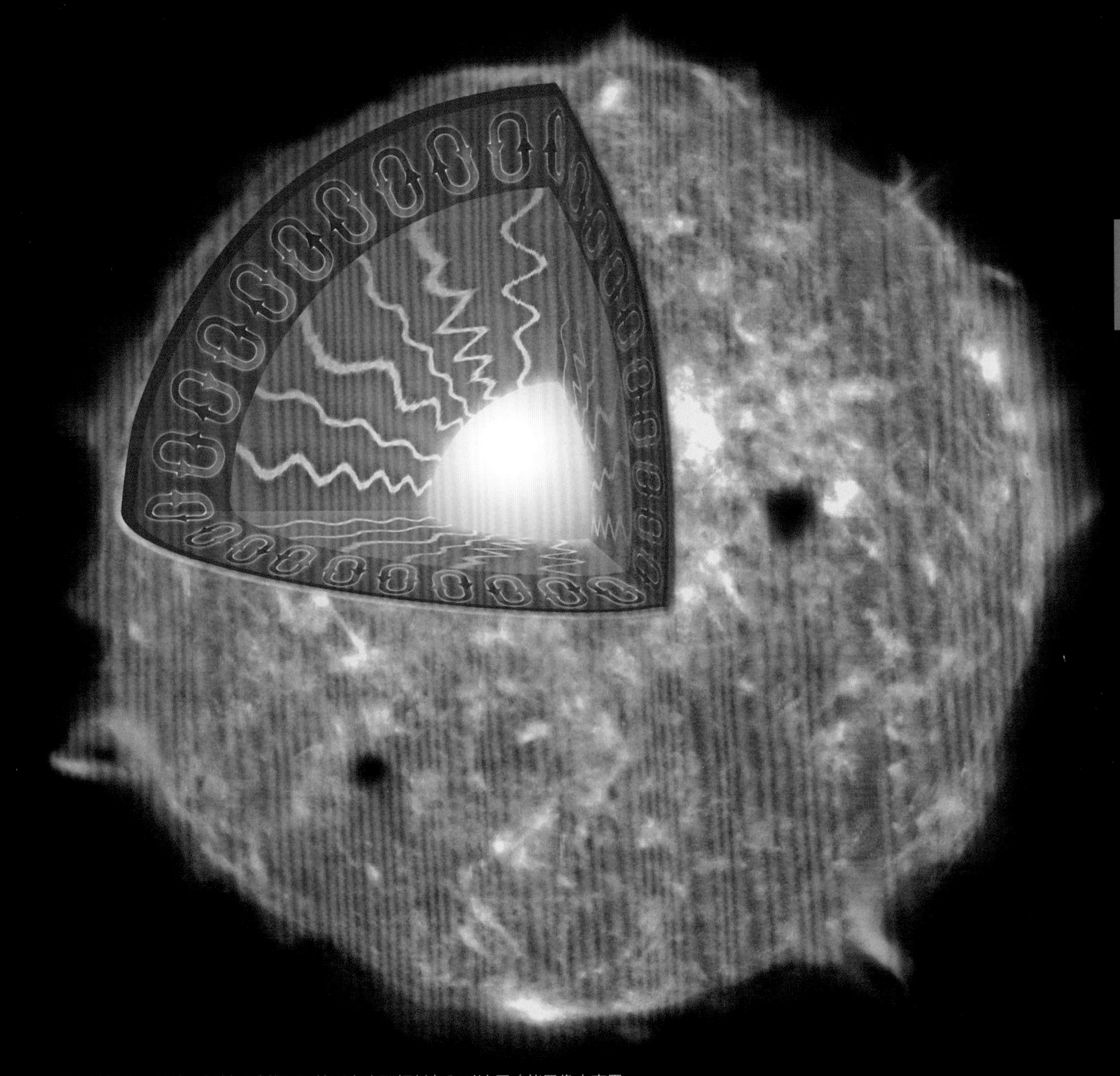

太阳的结构：日核、辐射层（能量和粒子向表面辐射）和对流层（能量像水壶里的开水一样循环）（图片来源：NASA/CXC/M. Weiss）

一个旋转的气体球

太阳是由气体构成的，大部分是氢气和氦气。这个炽热的气体球像地球一样也在自转。有意思的是，太阳在不同纬度上有不同的自转速度。赤道附近的气体旋转速度比靠近两极的气体旋转速度快得多，我们称之为较差自转。赤道附近的气体转一周大约需要 25 天，靠近两极的气体转一周需要 35 天。

太阳平均 27 天绕自转轴旋转一周。奇怪的是，太阳的内部似乎像一个固体球一样自转。只有太阳外部 30% 的部分，也就是对流层才存在较差自转。在对流层的底部，具有不同自转速度的内外两层相遇产生摩擦，我们认为这个区域是太阳产生磁场的地方。

太阳自转是伽利略首先注意到并进行描述的，他在 1610 年用望远镜研究过太阳。他注意到太阳黑子每天随着太阳转动而自东向西在日面上移动。通过观察太阳黑子在日面上的移动，你可以很容易地研究太阳自转。你可以用一种专门的太阳望远镜，或者在网上查看卫星连续几天拍摄的太阳图像（比如 http://sdo.gsfc.nasa.gov/ ）。但是，在没有专门的滤光片、眼镜或者其他特殊设备的情况下，你永远不要直接看太阳。

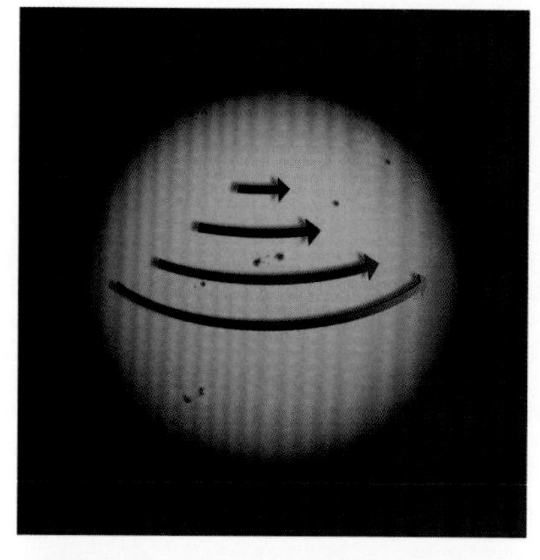

太阳赤道的自转速度，要比两极地区快得多（图片来源：T. Abrahamsen/ARS）

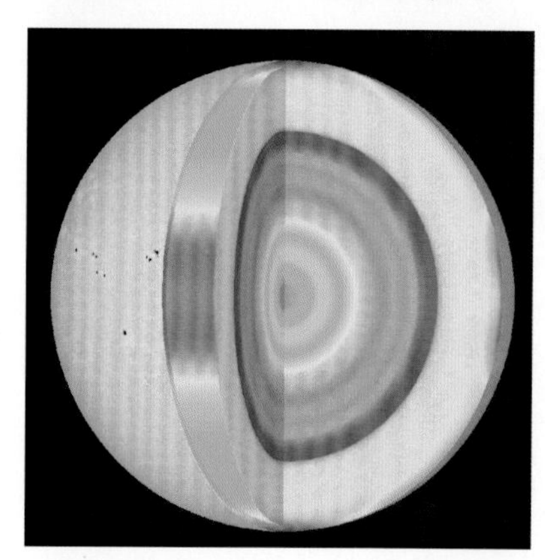

太阳的截面图显示太阳的外层旋转具有不同的速度，而内层作为一个固体球旋转（图片来源：SOHO/ESA/NASA）

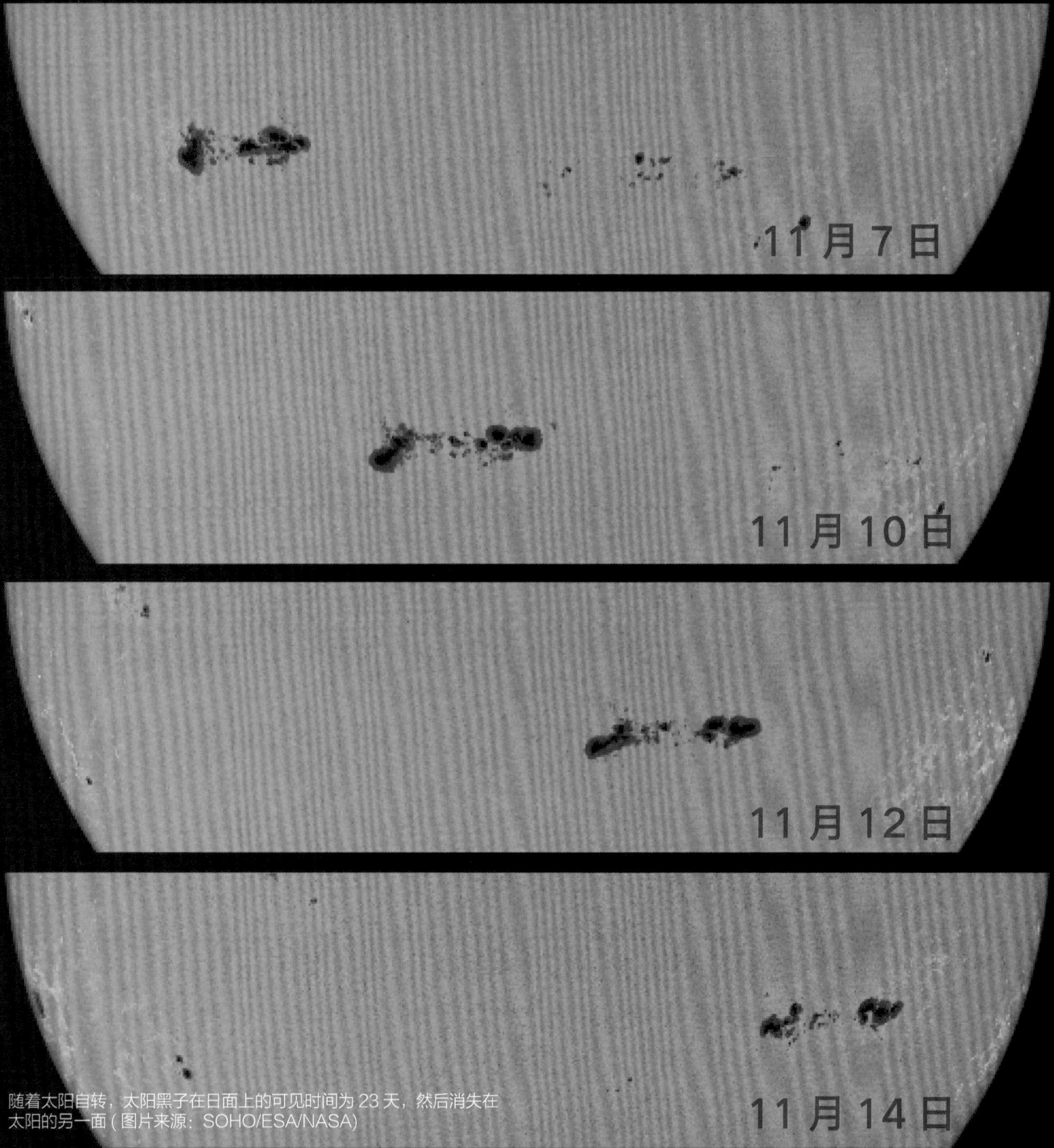

11 月 7 日

11 月 10 日

11 月 12 日

11 月 14 日

随着太阳自转，太阳黑子在日面上的可见时间为 23 天，然后消失在太阳的另一面（图片来源：SOHO/ESA/NASA）

太阳的核心

太阳核心的环境非常极端，这个区域就像一个核电站。它的温度超过 1 500 万℃，巨大的压力把原子压得非常紧，导致它们总是相互碰撞。有些氢原子核结合形成氦原子核。在这个过程中，部分质量转化成了我们叫作伽马射线的光子，正是这些能量使太阳发光。在这个过程中还产生了叫作中微子的粒子。

每秒钟大约有 7 亿吨的氢转化成了氦，大约有 400 万吨的质量被转化成了辐射能量（伽马射线）和中微子。接下来的问题当然是：太阳会把氢消耗完吗？会的，但是幸运的是，太阳里的氢还足够让它再发光 50 亿年。

趣味知识： 太阳产生的能量多达 3.86×10^{26} 瓦，也就是 38 600 亿亿兆瓦。太阳每秒钟发射到太空里的能量比挪威在 6 亿年里的耗电量还要多。

太阳核心的气体密度比水大 150 倍。充满一个牛奶盒的太阳气体重 150 千克。太阳的外层密度稍小于水，所以太阳的平均密度就跟酸奶差不多。

氢转化成氦并产生光和粒子的过程的简化图示（图片来源：T. Abrahamsen/ARS）

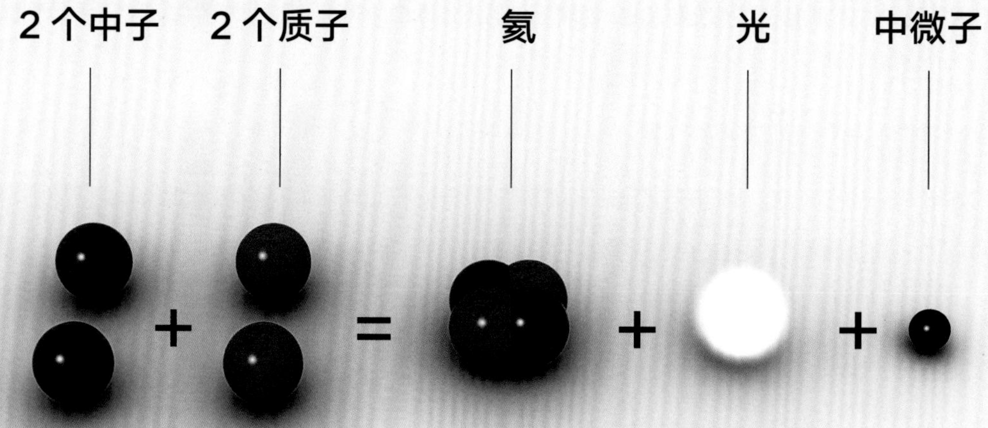

2 个中子　2 个质子　氦　光　中微子

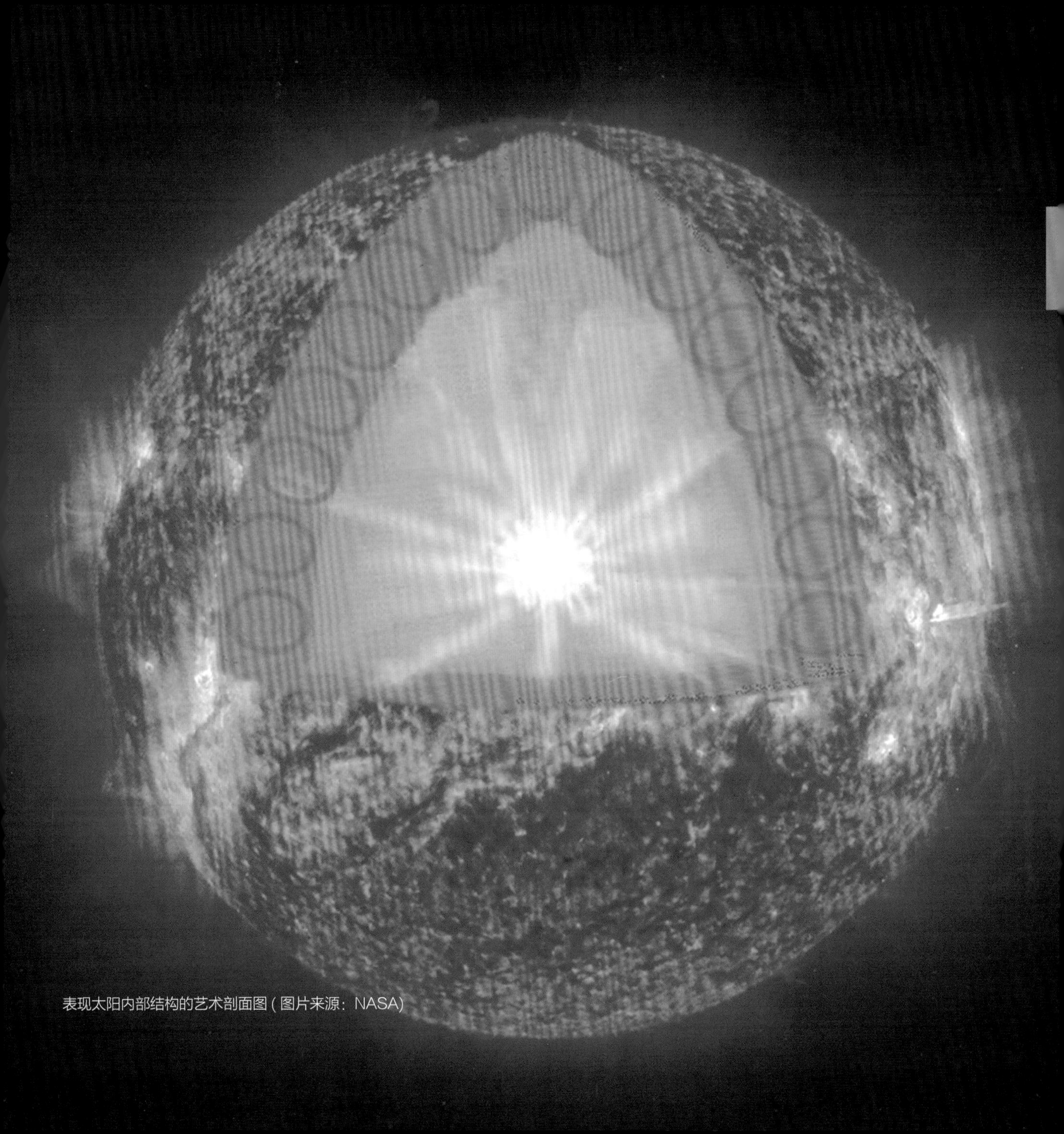

表现太阳内部结构的艺术剖面图（图片来源：NASA）

阳光的旅程

光粒子从太阳核心向外传递过程中，不断地跟其他的原子发生碰撞，导致方向总是在改变，就像弹球一样。这样光粒子在辐射层里走了一条随机的曲折路径，以至于光粒子要花上 20 万年之久才能够冲出辐射层，而这在太阳里才走过 2/3 的距离。在这个区域之外，能量是通过热气体的流动从而传递到太阳表面的。在这里，热气体就像锅里的沸汤一样向上冒泡。到达太阳表面后阳光就能够自由地在太空里传播了。8 分 20 秒之后，阳光到达地球，我们的身体感受到热量。这样一想还是挺神奇的，照在我们身体上的光线是 20 万年以前在太阳内部产生的“古老”能量，当时尼安德特人正在地球上行走。

不过，中微子是从太阳核心处直接以光速逃逸出来的，因为没有什么东西阻挡它。中微子冲进太空，直接穿过地球，我们很难探测到。

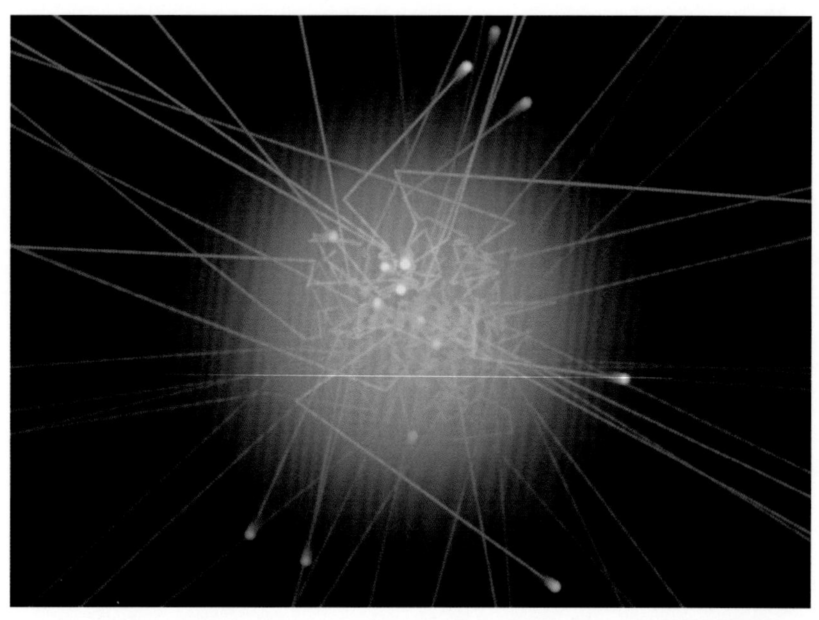

光粒子（伽马射线）是在太阳核心处产生的，在它沿着一条随机路径逃逸出太阳之前要发生许多次碰撞和再辐射过程（图片来源：Jean-Francois Colonna）

趣味知识：即使是你的每一个指甲，每秒钟也有大约 300 亿个中微子穿过！

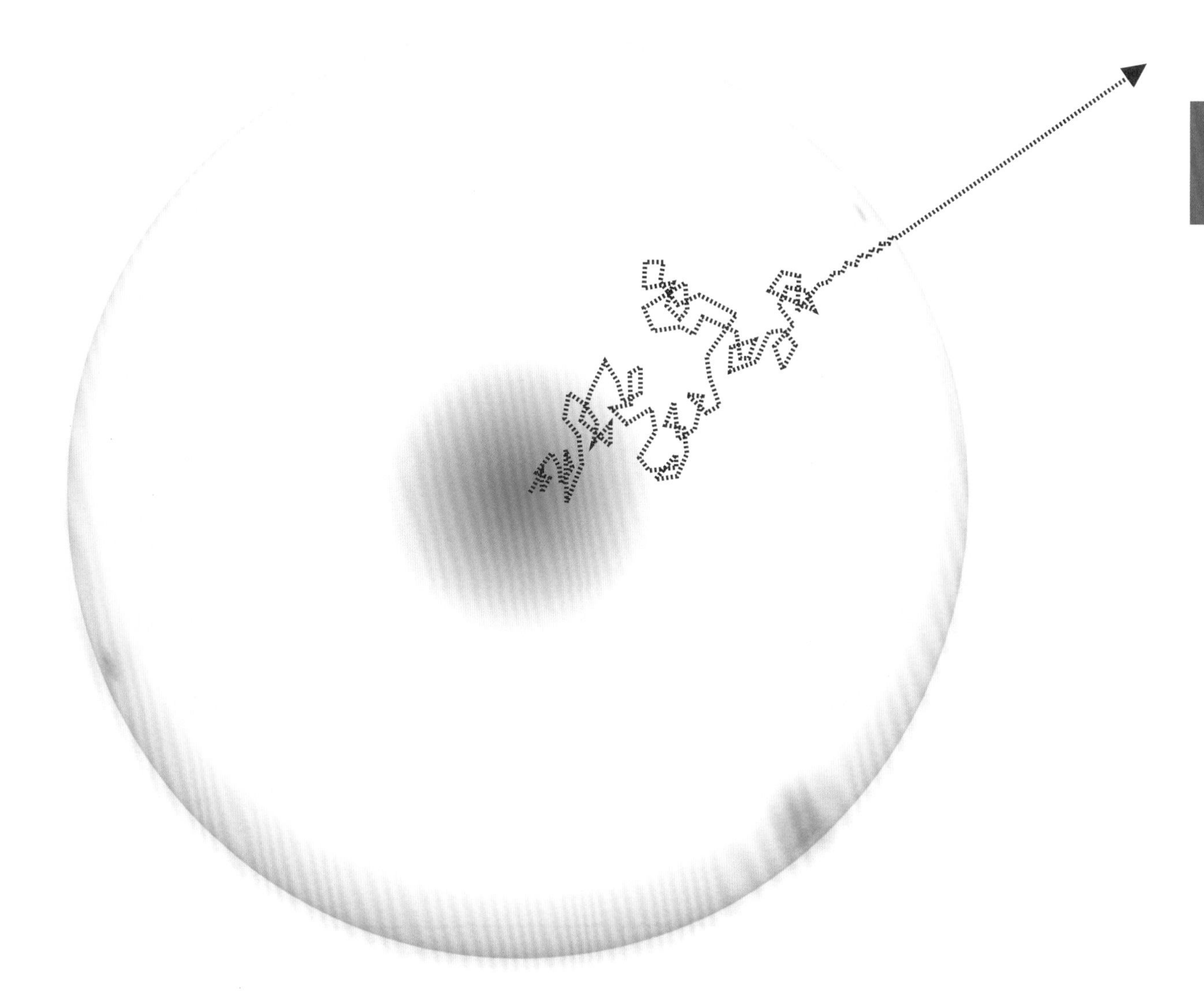

光粒子在到达对流层之前，要沿随机路径运动约 20 万年 (图片来源：T. Abrahamsen/ARS)

太阳的表面：光球层

太阳的绝大部分能量都是从表面辐射出去的，这个面我们称为光球层，它就是我们从地球上裸眼看到的那一部分太阳（见下页图）。光球层并不是一层固体表面，而是一层气体，是太阳大气层的一部分。只是我们仍然把这一层称为太阳表面。它的厚度约为 400 千米，温度保持在 5 000 ℃左右。

光球层表面覆盖着像细胞那样的图案，我们称之为米粒组织。它展现了深层的热气体怎样像气泡一样冒出来，在表面冷却，然后从边缘深色条纹处沉降下去。这就类似一锅沸汤中的景象。这些米粒组织直径大约 1 500 千米，平均寿命约 8 分钟。

近年来，我们还发现光球层存在不同周期的上下运动，幅度约 15 千米。这是声波在太阳内部传播，反射回来推动太阳表面上下运动引起的。

趣味知识：太阳表面邮票大小的区域，亮度就相当于 15 万支蜡烛。

热气体从米粒组织的中央升上来，冷却后水平运动到周围的深色条纹处沉降下去（图片来源：NASA）

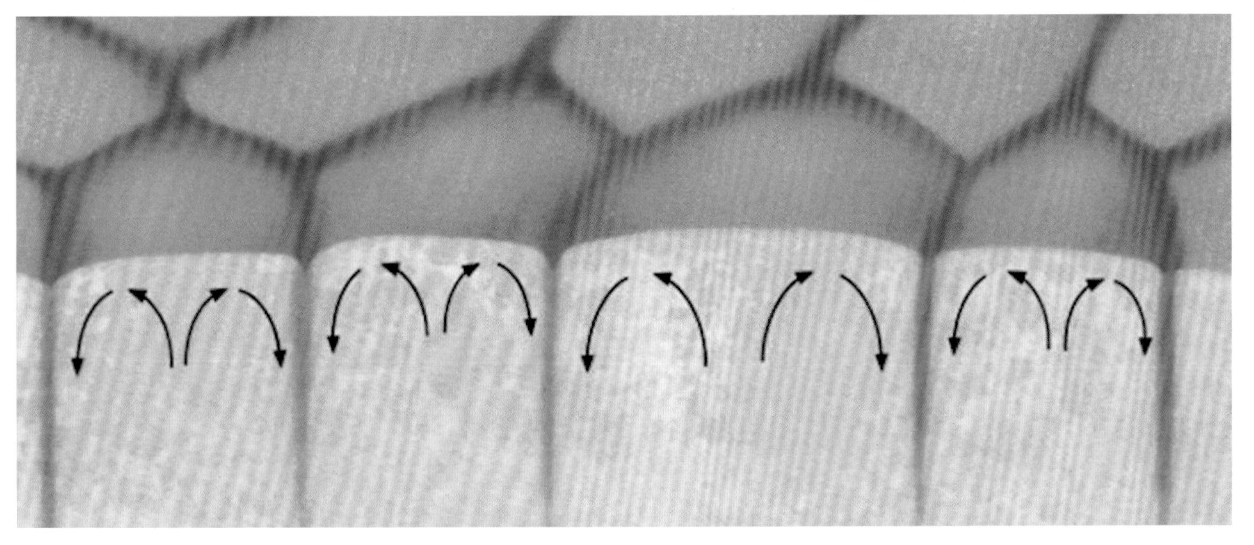

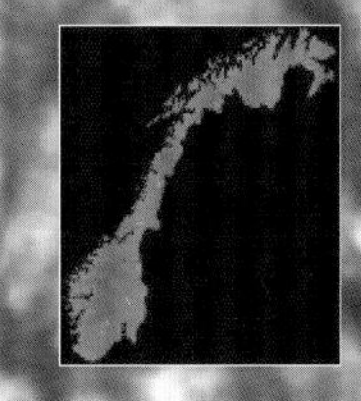

太阳表面由我们称为米粒组织的斑驳结构组成。每个小块平均厚度为 1 500 千米，相当于挪威的南北长度(图片来源：Hinode/NAOJ)

太阳黑子

太阳表面最明显的特征就是太阳黑子。太阳黑子看起来就像太阳表面的黑色污点。太阳黑子是太阳内部的强磁场延伸到太阳表面而形成的。强磁场会阻止这部分区域一些向上涌的能量到达表面，从而使这部分区域变得比较冷。因此黑子看起来颜色比较暗。黑子中的磁场要比地磁场强 1 万倍以上。

太阳黑子其实并不像它看起来那么黑，只是它的温度比周围光球层的温度要低 1 500 ℃。这种反差效应使它看起来像是黑的。如果你把一个太阳黑子放在夜空中，它会比月亮还要亮。

有的太阳黑子非常大，直径甚至超过 5 万千米，相当于地球的几十倍。当太阳在地平线上比较低的位置，而且有薄雾的时候，你可能用肉眼就可以看到一些大黑子。不过，不要尝试这么做，因为太阳光很强，会损伤你的眼睛。

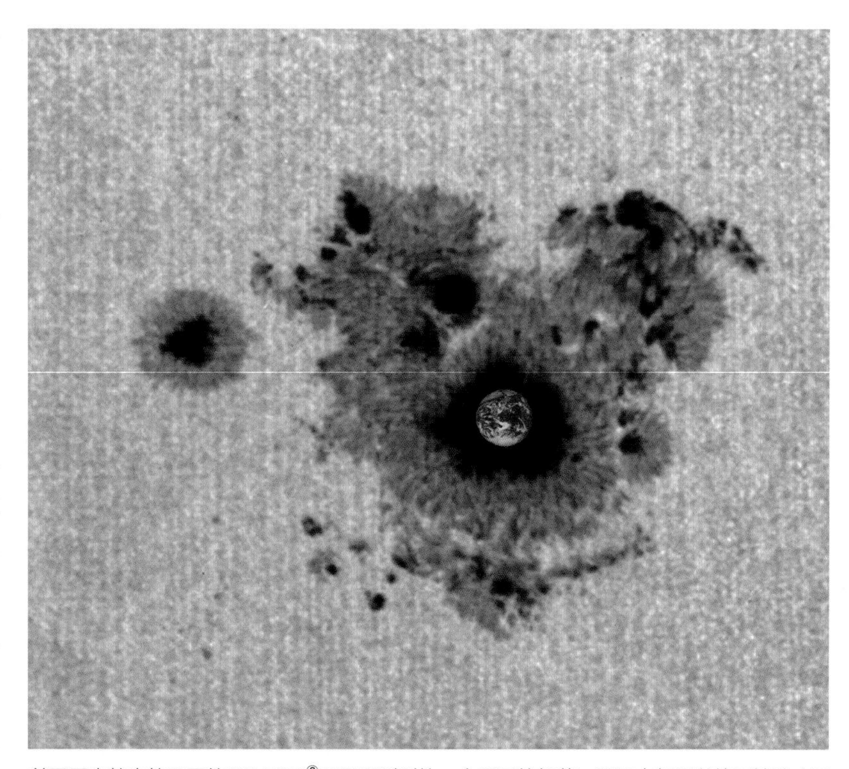

美国国家航空航天局的 TRACE[⑥]卫星观测到的一个黑子的细节。黑子内部足以放下地球 (图片来源：TRACE/Lockheed)

⑥ TRACE为太阳过渡区与日冕探测器。

2003 年 10 月末观测到的一些非常大的太阳黑子 (图片来源：SOHO/ESA/NASA)

太阳大气层：色球层

在光球层之上，我们会看到太阳大气底部的一层，它叫作色球层。这是一层粉红色气体，只有在日全食期间，或者用专门的望远镜才能看到，最好是在太空里观察。色球层的意思就是“彩色的球层”。它从光球层向外延伸约 3 000 千米。在色球层的最底部温度持续降低到大约 4 500 ℃，然后奇怪的事情发生了，随着继续向外延伸，它的温度又开始升高。在色球层靠外的部分，温度会达到 30 000 ℃到 70 000 ℃。这一层主要发射紫外线，我们不能在地面上进行仔细研究，因为地球的大气层会吸收紫外线。

在色球层的外面，温度开始快速升高，这就是我们所看到的太阳大气的外层——日冕。

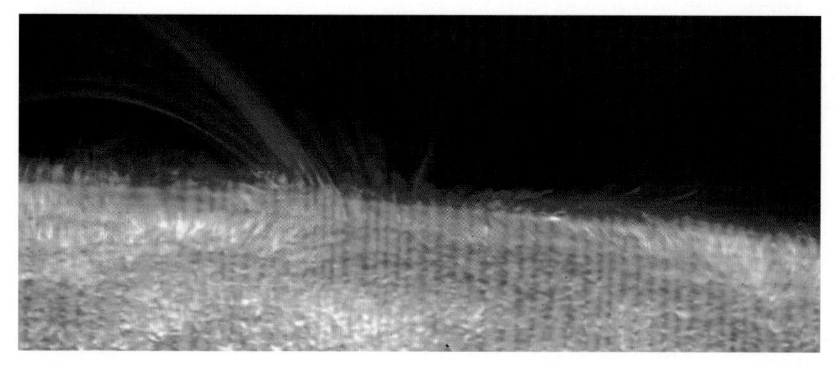

色球层有明显的结构。在本图上我们可以看到很多巨大的磁环从太阳边缘升起（图片来源：Hinode/NAO）

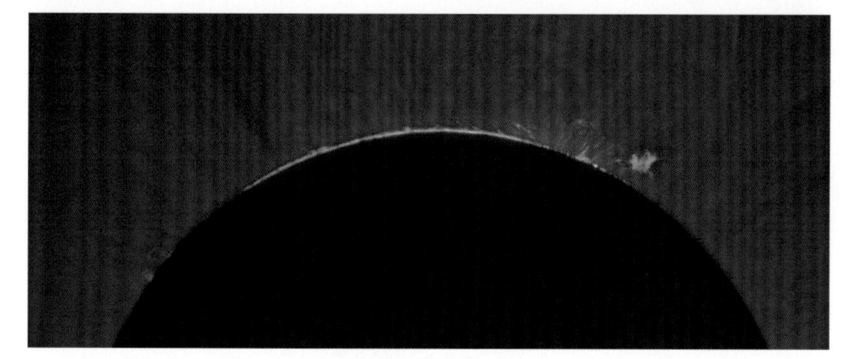

在日全食期间看到的色球层。巨大的火焰一样的日珥在日冕中升得很高（图片来源：M. Druckmuller）

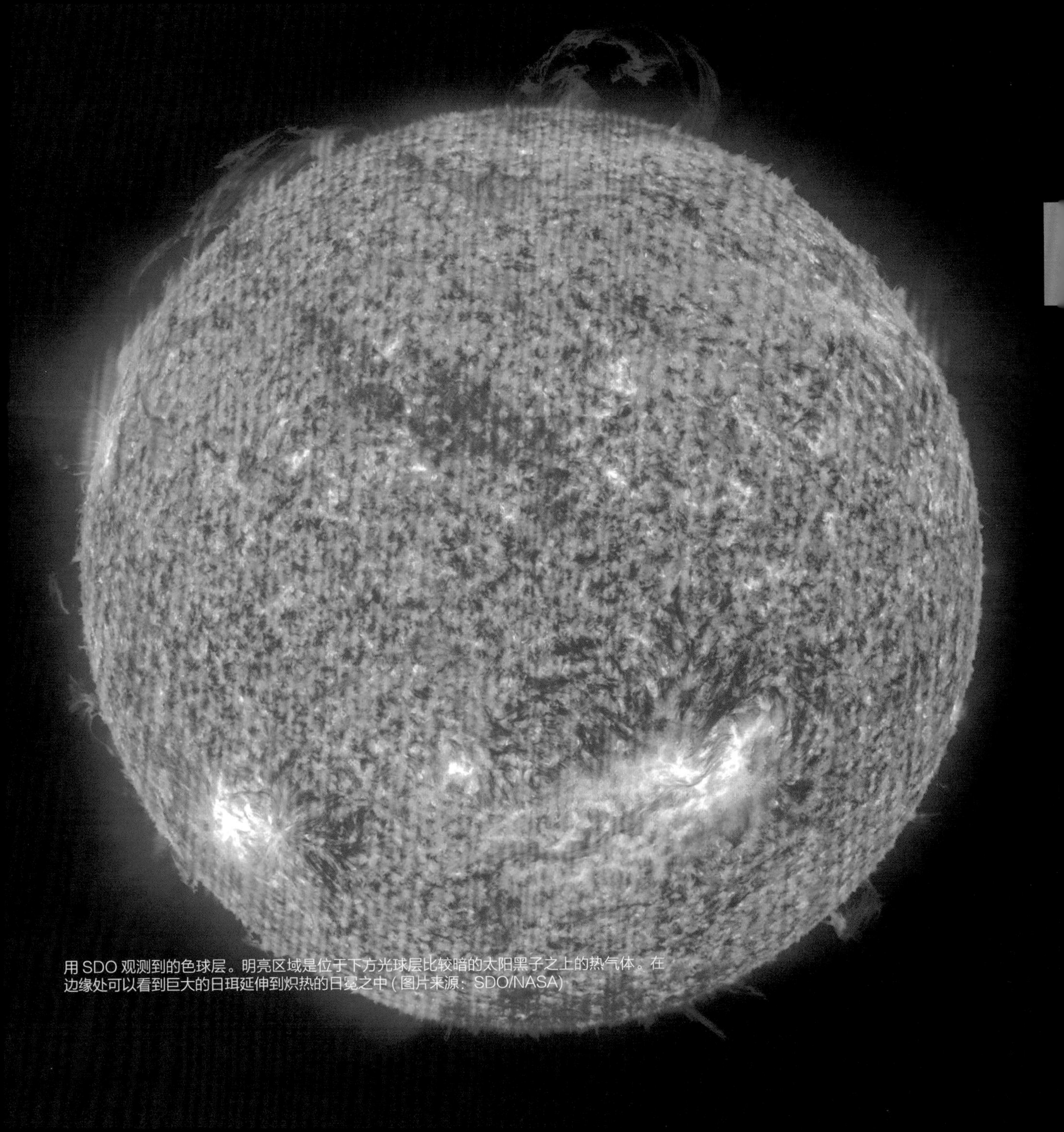

用 SDO 观测到的色球层。明亮区域是位于下方光球层比较暗的太阳黑子之上的热气体。在边缘处可以看到巨大的日珥延伸到炽热的日冕之中（图片来源：SDO/NASA）

太阳的外层大气：日冕

日冕是太阳大气层的外层，主要由氢气构成。它的温度在 1 000 000 ℃到 2 000 000 ℃之间。这里的密度很低，不到地球上大气密度的百万分之一。日冕几乎不发光，由于太阳光球层的光很强，地球大气又散射太阳光，因此一般情况下几乎看不到日冕。只有在日全食期间，当月亮从太阳前面经过遮挡住了来自光球层的强光，我们才可能裸眼看到壮观的日冕。用可以制造人工日食的特殊望远镜也可以研究日冕。

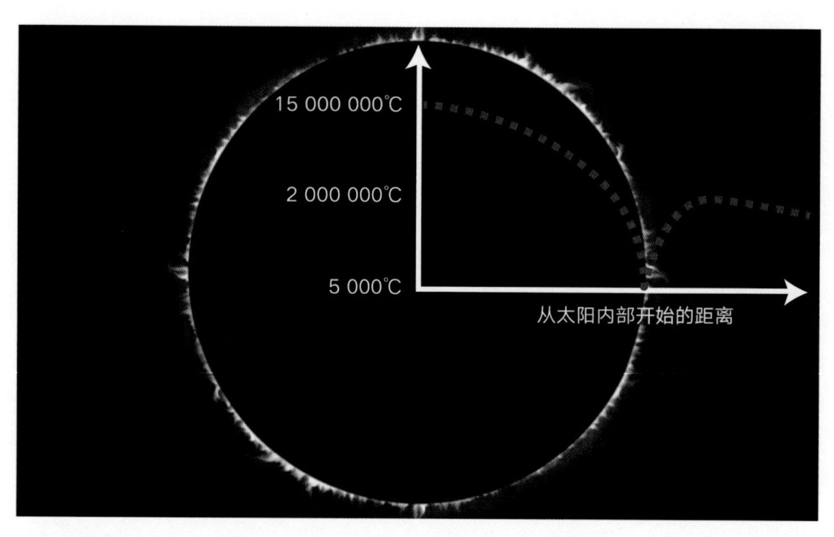

如图中虚线所示，从太阳核心向外，温度从 15 000 000 ℃下降到了太阳表面的 5 500 ℃（光球层）。从色球层顶端开始，日冕的温度一直在上升（图片来源：T.Abrahamsen/ARS）

炽热的日冕是太阳最大的谜团之一。来自超级炽热的太阳内层的能量以某种未知的方式经过了相对较冷的光球层和色球层，没有使这几层温度上升，但它却把日冕加热到上百万度。

想象一下，你坐在火炉前面，能够感受到炉火的热量。如果离炉子远一点，你感受到的热量变少了，可当你走到房间另一头时，突然感受到更多的热量，你会好奇为什么火炉能够加热房间另一头的空气，却没有加热中间的空气。太阳就以某种方式做到了这一点。还没有人能完全解开这个谜团，不过它可能跟太阳的磁场有关。它也可能会牵涉到声波，声波可能穿过大气层，把能量倾泻到日冕中。

通过只探测紫外线的仪器观测太阳，可以观测日冕结构 (图片来源：SOHO/ESA/NASA)

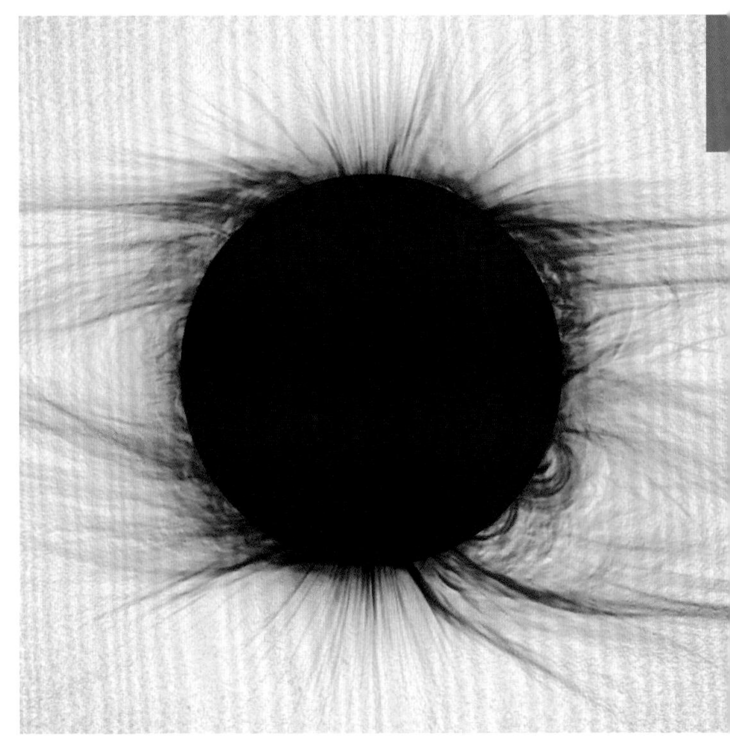

1998 年 2 月 26 日的日全食期间观测到的神秘的日冕。所有的日冕构造和弧形都描绘出了太阳的磁场，磁场“塑造”了日冕气体 (图片来源：High Altitude Observatory)

日珥

日珥是因强磁场的存在而突入炽热日冕的色球层气体。日珥的明亮结构在太阳边缘外是可见的。同样的结构如果出现在太阳表面，它们看上去就是黑的，因为它们吸收了来自日面的强光，这样的日珥也被称为暗条。

宁静的日珥是稳定的，变化非常缓慢，可以持续好几个月。它们浓密的部分可以达到 8 000 千米宽，50 000 千米高。

活跃的日珥一般出现在太阳黑子附近，变化很快。有时候它们会突然爆发，把大量物质抛入太空。如果这团气体云击中地球磁场，我们就能看到强烈的极光。

日珥是色球层气体升高并在日冕中突出的部分。这张照片是用能够屏蔽太阳表面强光的望远镜拍摄的 (图片来源：M. Zinkova)

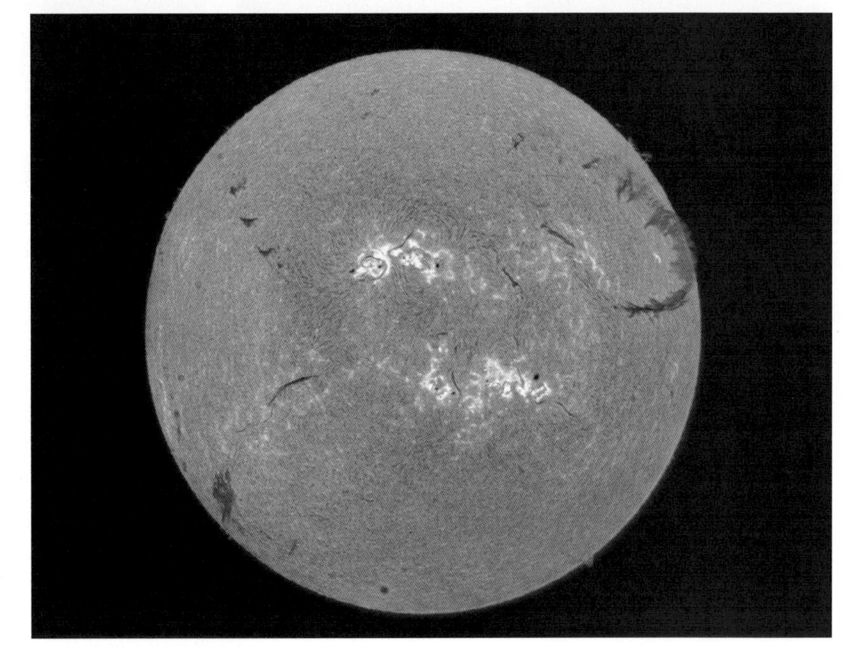

当逆向明亮的太阳表面观测日珥时，它看起来是暗的，被称为暗条 (图片来源：Big Bear Solar Observatory)

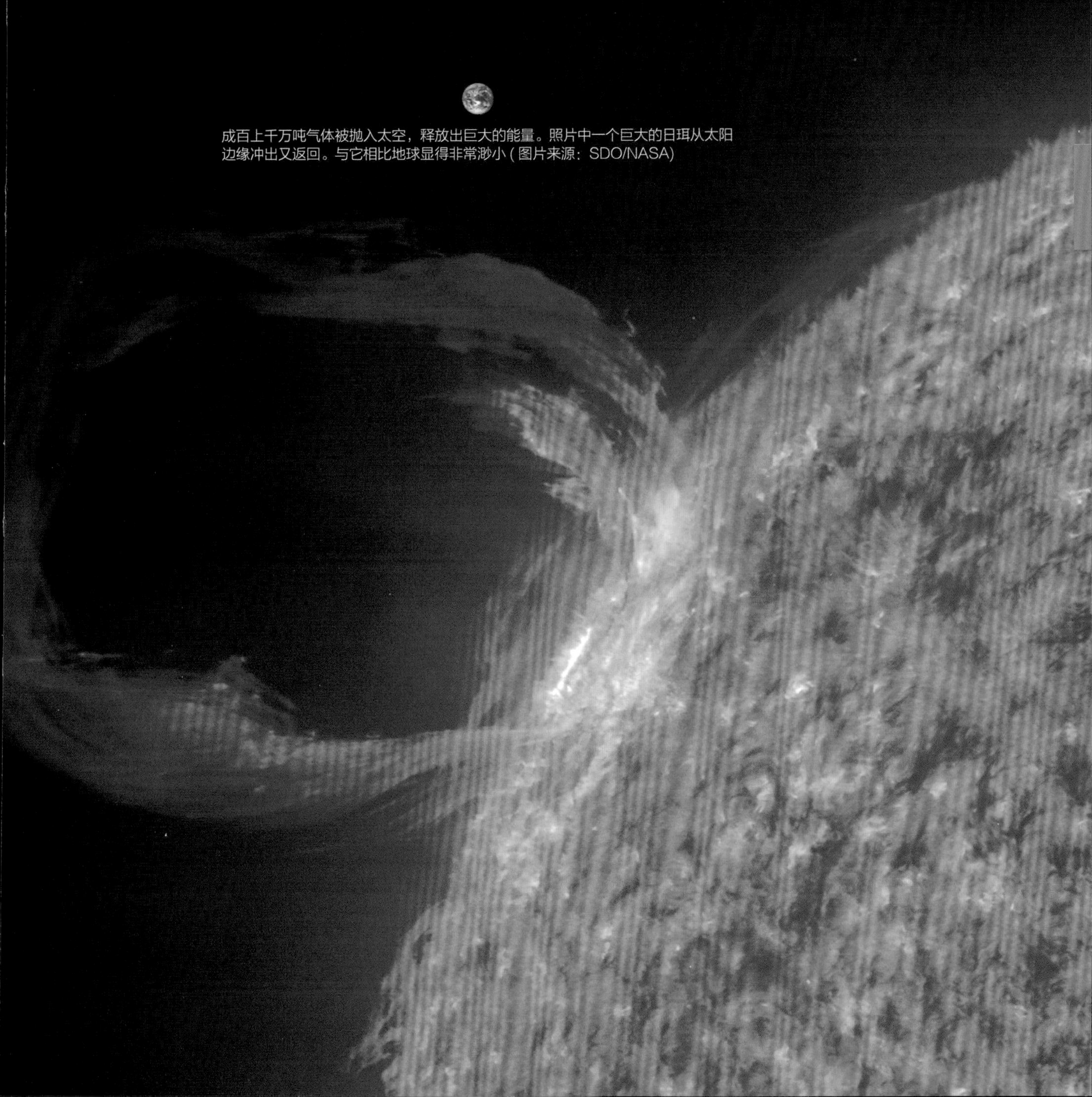

成百上千万吨气体被抛入太空，释放出巨大的能量。照片中一个巨大的日珥从太阳边缘冲出又返回。与它相比地球显得非常渺小 (图片来源：SDO/NASA)

太阳风

你知道太阳会产生太阳风吗？它可不是你在地球上感受到的可以推动小船的微风。除了光和热，太阳还会发出连续的带电粒子流，我们称为太阳风。流束主要由电子和质子组成。通常太阳风吹进太阳系的速度是 160 万千米 / 小时，对于未加防护的人来说是致命的。

幸运的是，我们的地球周围有保护性的磁场，就像一个看不见的盾牌，可以挡住这些粒子。这层盾牌我们称之为磁层。如果没有磁层，地球大气层会逐渐被吹跑，地球也就不会有任何生命可以生存了。太阳风在地球白昼那一侧推压磁层，在夜晚那一侧拉伸出一条长尾。

有时候，太阳风会变成“狂风”，速度达到 300 万千米 / 小时以上。这会导致磁层发生颤抖，进入地球夜晚一侧磁层中的太阳风粒子会沿着磁力线到达地球两极区域。在这里它们会产生极光，后文会有极光的相关讨论。

太阳风吹进太空，推压地球磁层 (图片来源：NASA)

有时候太阳风吹得格外猛烈，地球可能会被“狂风”袭击，产生强烈的极光 (图片来源：M. Brekke)

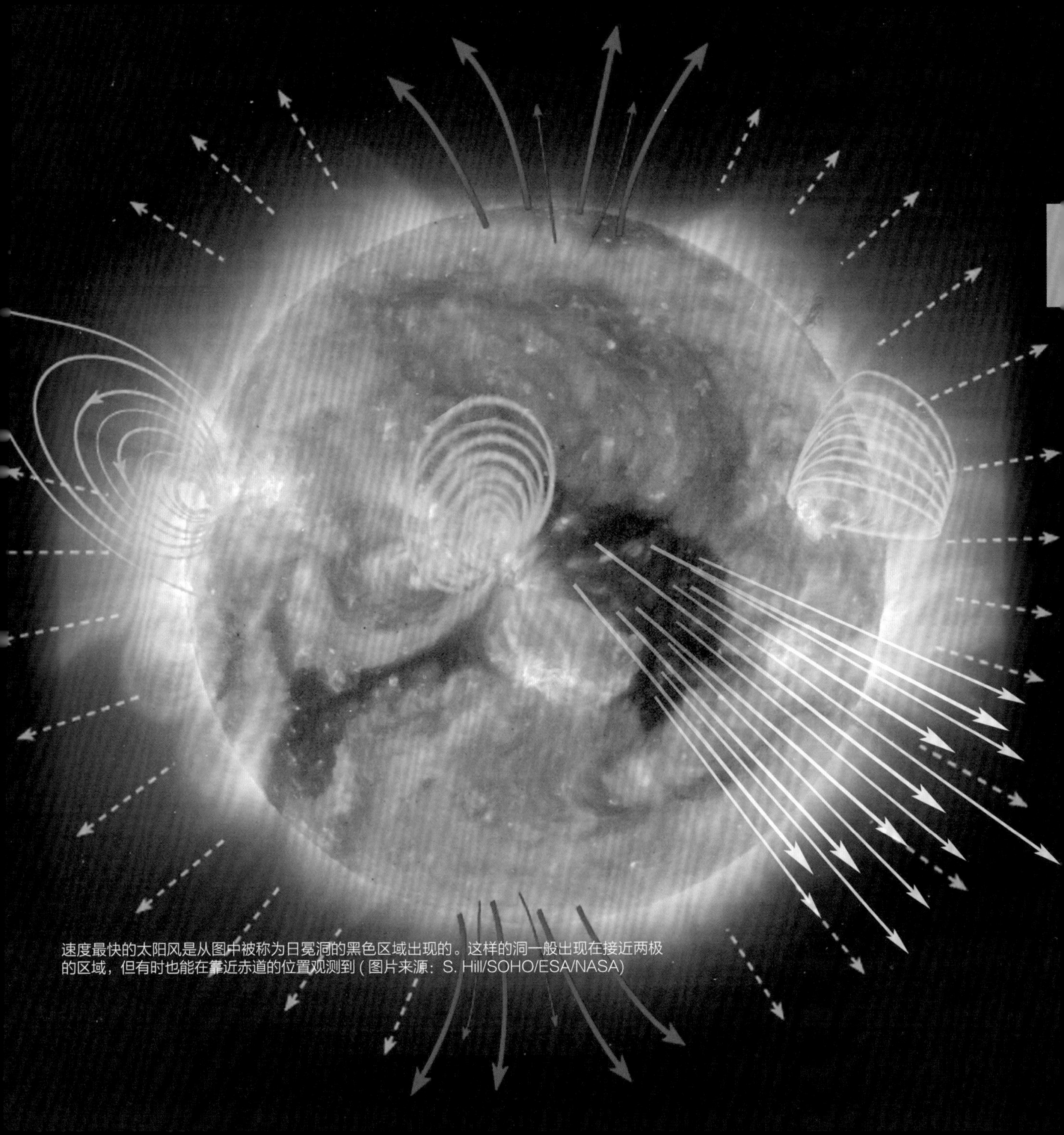

速度最快的太阳风是从图中被称为日冕洞的黑色区域出现的。这样的洞一般出现在接近两极的区域，但有时也能在靠近赤道的位置观测到（图片来源：S. Hill/SOHO/ESA/NASA）

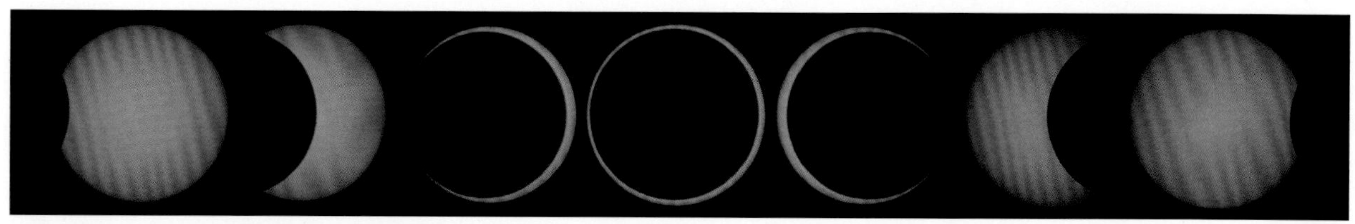

2003 年 5 月 31 日，月亮从太阳表面掠过的时间序列照片。在这次日食期间，月亮离地球的距离比平时略远，因此它看上去很小，不足以遮挡整个太阳表面。所以我们还能够看到太阳的一圈细环，这种现象我们称之为日环食 (图片来源：A. Danielsen)

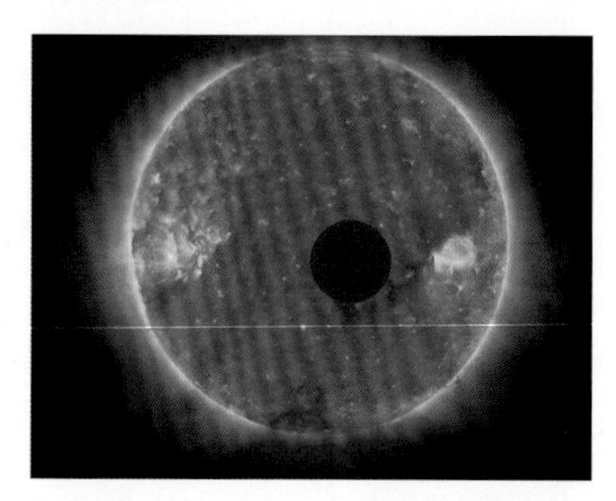

2007 年 2 月 25 日，NASA 的 STEREO 卫星 (日地关系天文台)，拍摄了这张特殊的“日食”(更准确地说叫作“月凌”) 照片，当时月亮正从太阳前面经过。从卫星上看月亮，要比我们在地球上看显得小得多，因为卫星到月亮的距离是我们到月亮的距离的 4.4 倍 (图片来源：A. Danielsen)

在日全食期间，月亮遮住整个太阳表面，只有这时你才能看到奇异的日冕。这是 2008 年在蒙古拍摄的一张日全食照片 (图片来源：M. Druckmuller)

日食

月亮绕着地球转，地球绕着太阳转。因此，有时月亮会出现在地球和太阳之间，我们就会经历一次被称为日食的现象。巧合的是，从地球上看去，太阳和月亮看起来大小是一样的。

月亮的阴影有时会到达地球表面，形成日食。日食有 3 种不同的类型：全食、偏食和环食。在日全食期间，月亮遮住整个太阳，你可以看到色球层、日珥和日冕。天空会变黑，你可以看到那些最亮的恒星和行星。如果你处在月亮的本影区，就会看到日全食。日环食出现的时候，月亮离我们稍微远一点，所以它看上去很小，不能遮住整个太阳，可以看到月亮周围有一个细的太阳光环。在仅有一部分太阳被遮挡的地方，看到的是日偏食。

当地球进入月亮的本影区，这个区的人就会看到日全食。本影区只能覆盖一小片区域，在地球上划出一个狭窄的地带，在这个地带内的人能够经历一次日全食。在月亮半影落在地球上的区域里，人们只能看到日偏食 (图片来源：T. Abrahamsen/ARS)

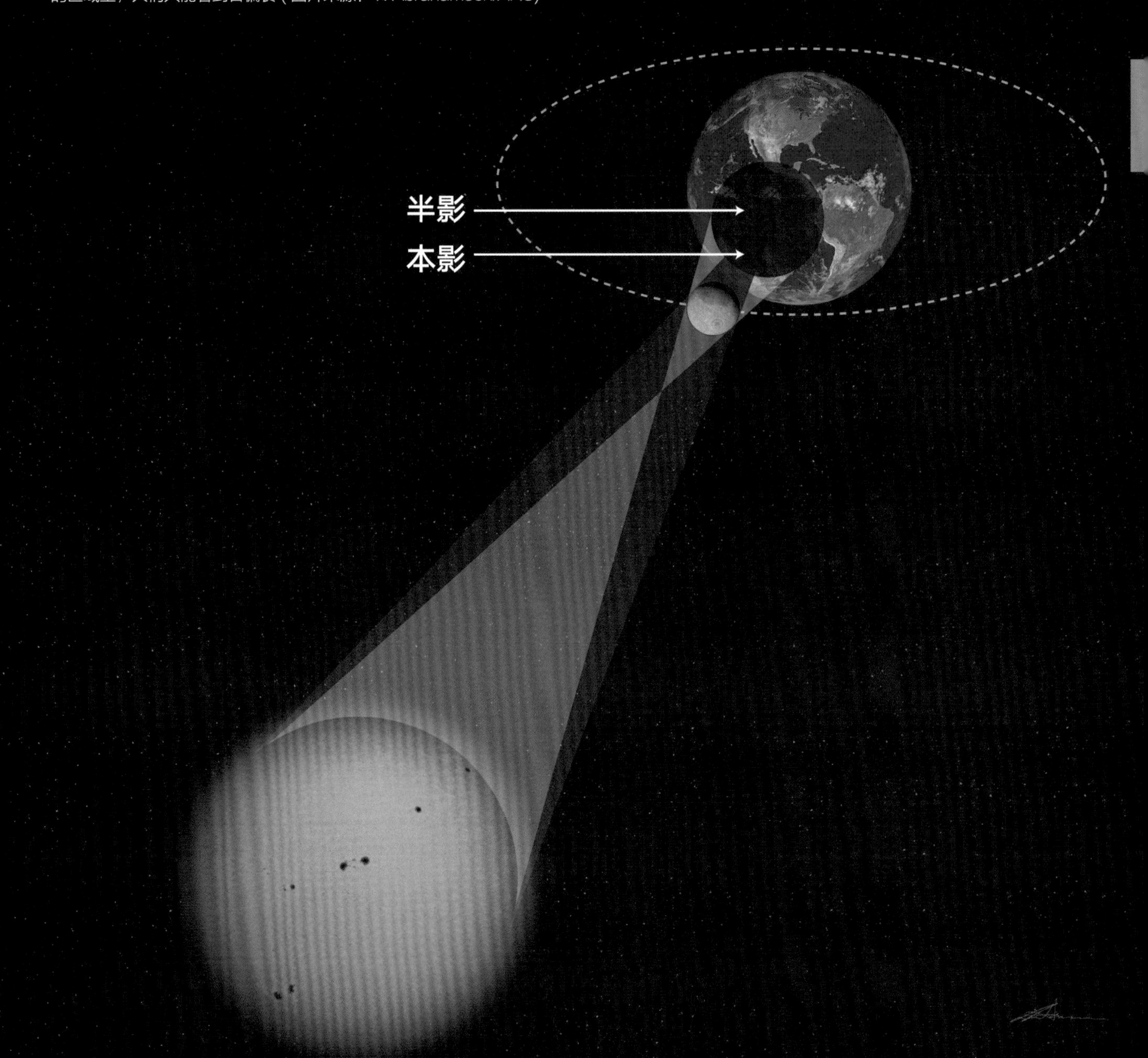

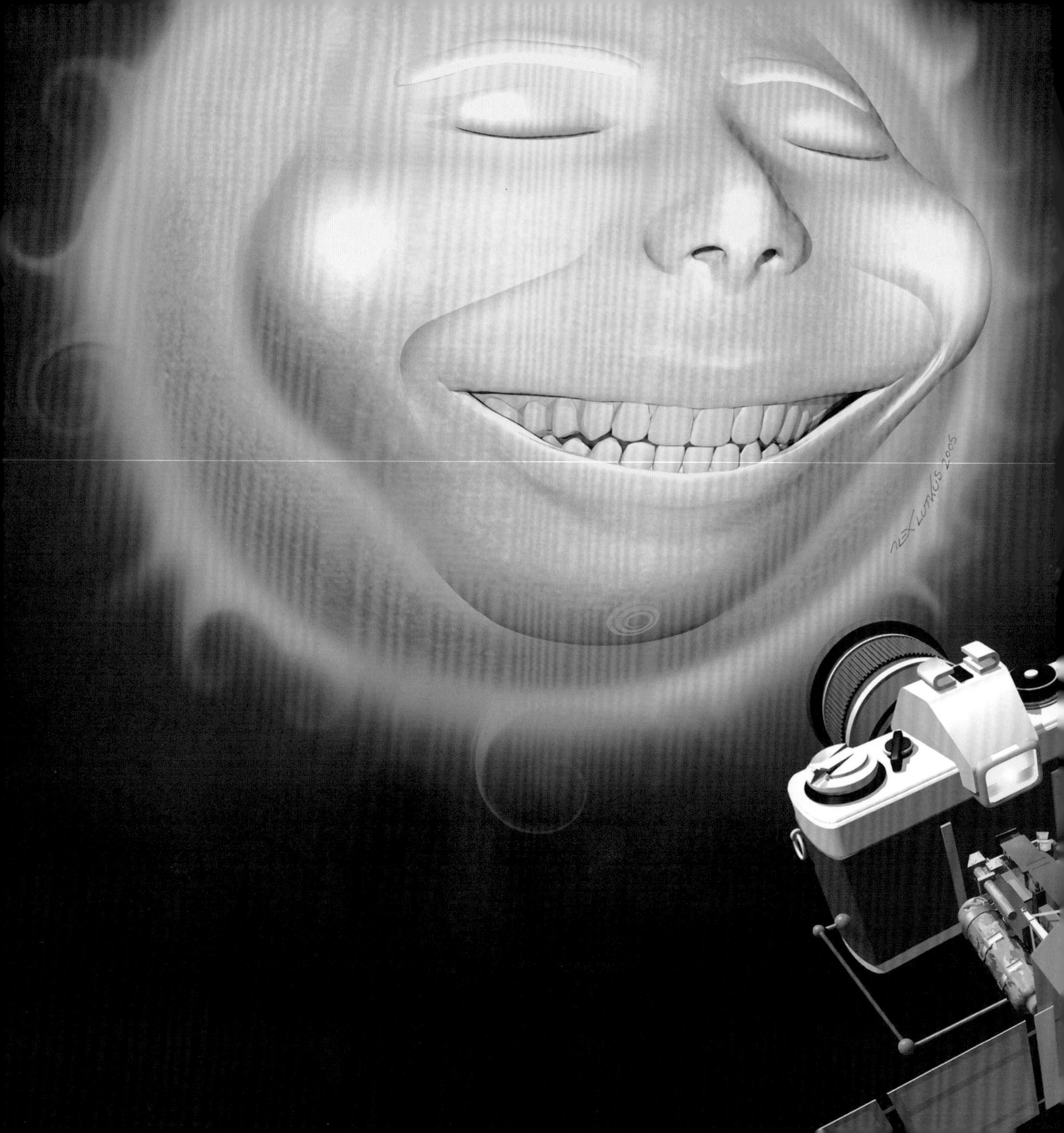

利用太空里卫星上先进的数码相机，我们能够研究太阳的各个部分（图片来源：A. Lutkus)

我们是怎样研究太阳的?

伽利略和他的望远镜

1609 年的夏天，伽利略 · 伽利雷（1564—1642）了解到，在荷兰出现了一个新发明，能够使远处的物体看起来很近。原来是一个眼镜制造商制造了第一台望远镜。于是伽利略从本地眼镜制造商那里买来镜片，做成了自己的望远镜。他用了几个月的时间改进望远镜，并把它指向了太空。用这台望远镜，他有了一些重要的新发现，比如，月亮上的环形山和山脉、金星的位相、围绕木星转动的 4 颗卫星等。在 1610 年他把望远镜指向太阳的时候，他注意到在太阳表面有一些黑子。他用了好几个月的时间研究这些黑子，观察它们每天如何运动。

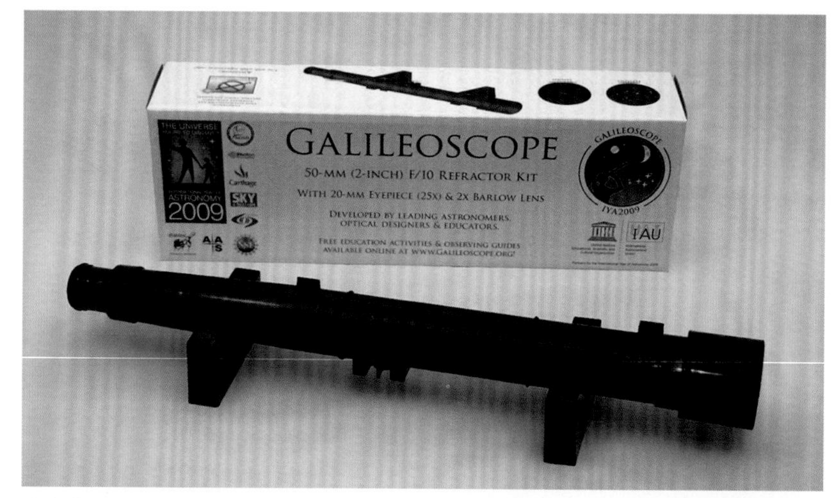

这种“伽利略望远镜”是伽利略制造的第一台望远镜的复制品，更多的现代镜片被运用其中。大家可以将它组装起来体验伽利略在 400 年前的发现。关于这种望远镜的更多信息可见 www.galileoscope.org

伽利略是第一个观察太阳黑子的人吗？可能并不是。英国天文学家托马斯 · 赫里欧（Thomas Herriot）可能更早一些。我们已经知道了他绘制的太阳黑子图，但是他从来没有像伽利略那样出版过。当时有些人认为，黑子位于地球和太阳之间。伽利略提出，这些黑子是太阳的一部分，太阳也在围绕它自己的轴转动。中国古代的天文学家早在 1 500 年前已经用裸眼观察到了大的太阳黑子。

伽利略是把望远镜指向太空的第一人（图片来源：Sarah K. Bolton/Justus Sustermans)

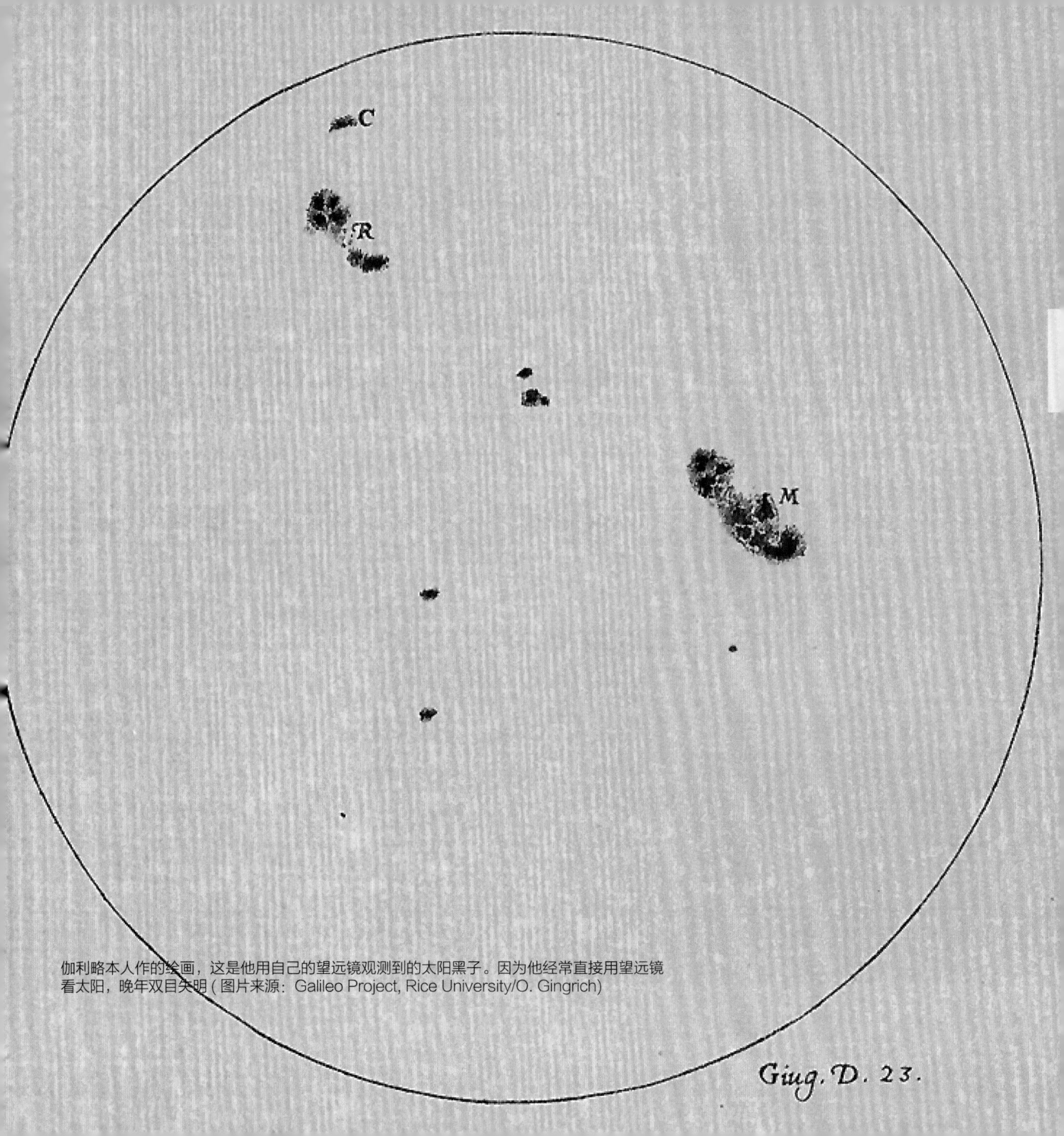

伽利略本人作的绘画，这是他用自己的望远镜观测到的太阳黑子。因为他经常直接用望远镜看太阳，晚年双目失明（图片来源：Galileo Project, Rice University/O. Gingrich)

用大型望远镜分析太阳光

自从伽利略把他的望远镜指向太阳之后，天文学家建造了越来越大的望远镜用于观测太阳和夜空。这些望远镜一般建在山顶上，那里空气干净，大气层的扰动也更少，可以获得更清晰的太阳图像。近年来，最好的望远镜都建在海岛上的高山之巅。美国夏威夷岛，西班牙特内里费岛、拉帕尔马岛上的望远镜几乎都是在云层之上，差不多每天都可以观测太阳。

世界上最好的太阳望远镜，可能是西班牙拉帕尔马岛上的瑞典望远镜。这台望远镜能够看到太阳表面上 70 千米的细节。要知道太阳离地球有 1.5 亿千米，这真是太了不起了！实际上，这台望远镜能够看到 100 千米外一辆汽车的车牌。警察会非常乐意拥有这样一台望远镜的！

太阳既发射可见光，也发射不可见光，比如紫外线和 X 射线。穿透大气层到达地面的主要是可见光，紫外线和 X 射线大多数被地球大气层屏蔽了。

用大型望远镜观测来自太阳的可见光，是把这些光线输入专门的设备，进而把光线按各种颜色分开。这样，我们就能按照不同颜色太阳光的分布和强度来研究阳光。其中的黑色条纹提供了太阳上物质元素的信息。因此我们不需要到太阳上去，就可以知道太阳是由什么构成的。

位于加利福尼亚州大熊湖的太阳观测台

位于拉帕尔马岛上的瑞典太阳望远镜被认为是世界上最好的望远镜，它在海岛之巅。大多数时间它都在云层上方（图片来源：Royal Swedish Academy of Sciences）

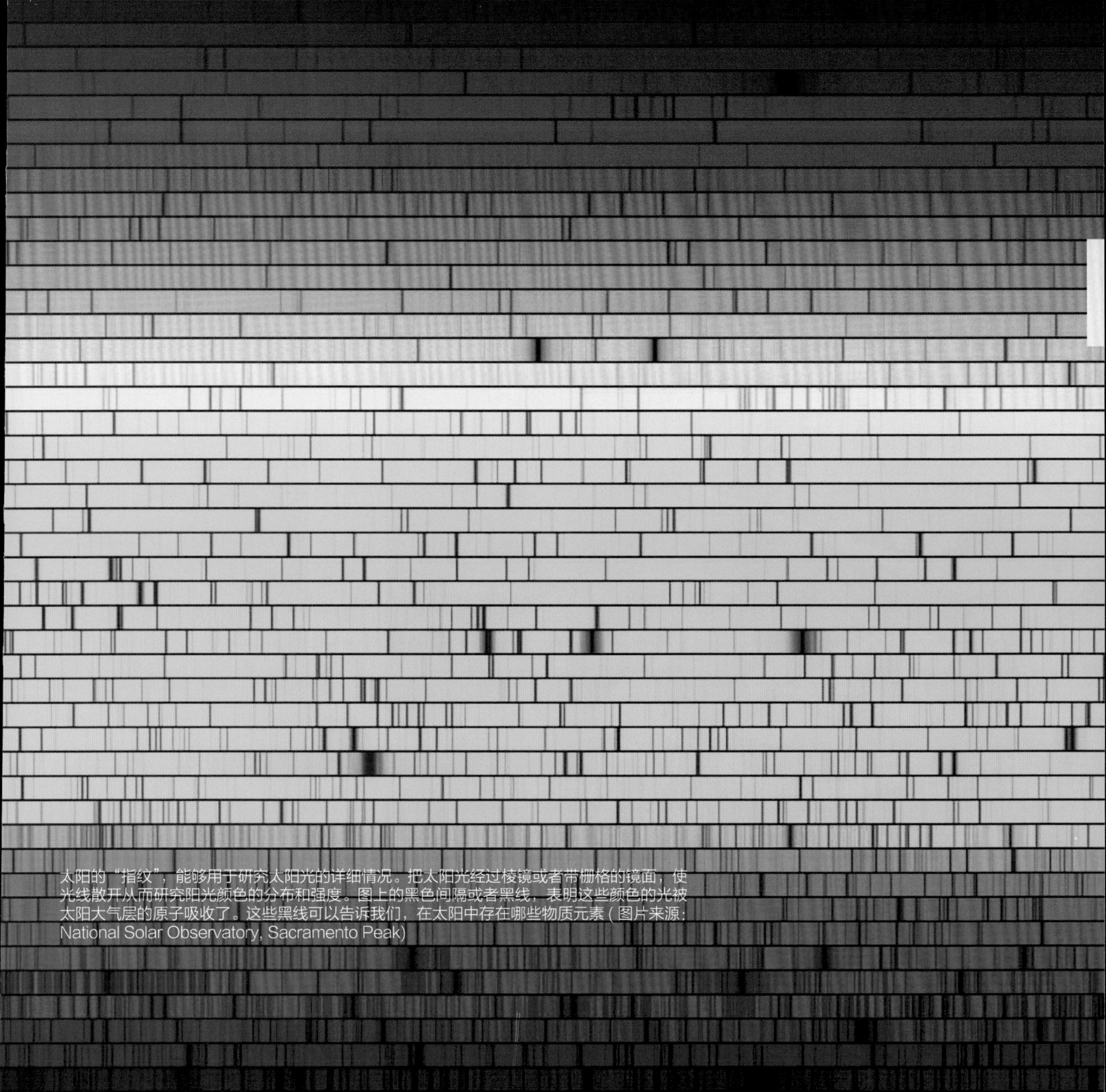

太阳的“指纹”，能够用于研究太阳光的详细情况。把太阳光经过棱镜或者带栅格的镜面，使光线散开从而研究阳光颜色的分布和强度。图上的黑色间隔或者黑线，表明这些颜色的光被太阳大气层的原子吸收了。这些黑线可以告诉我们，在太阳中存在哪些物质元素 (图片来源：National Solar Observatory, Sacramento Peak)

1985 年在挑战者号航天飞机货舱里的高分辨望远镜和光谱仪（HRTS），是一架精密的望远镜。通过这架仪器获得的前所未有的太阳观测资料，证明了太阳大气层非常活跃——这部分大气层我们只能从太空中才能看到（图片来源：NASA/NRL）

从太空观测太阳

第二次世界大战结束后，美国缴获了德国的 V2 火箭，把它们用于科学研究。这是科学仪器第一次被发射到可以屏蔽紫外线的地球大气层之外。

1949 年 10 月 10 日，火箭第一次发射成功，到达了 175 千米的高度。在之后的很长时间里，这些轰鸣的火箭被用于研究紫外线和 X 射线。不过，每次火箭发射只能提供几分钟的观测时间。如今，我们在太空中的卫星上装载了更先进的望远镜和观测设备。它们能够连续多年保持一天 24 小时观测，而且不存在云层和大气层干扰的问题。大气层里空气的复杂运动是导致夜晚星星“眨眼睛”的原因，也是对地面天文观测的不利干扰。

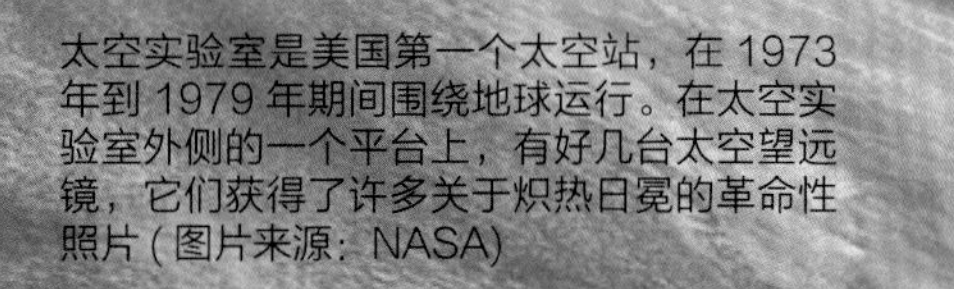

太空实验室是美国第一个太空站，在 1973 年到 1979 年期间围绕地球运行。在太空实验室外侧的一个平台上，有好几台太空望远镜，它们获得了许多关于炽热日冕的革命性照片 (图片来源：NASA)

一架 V2 火箭从美国新墨西哥州的白沙导弹发射场发射升空 (图片来源：NRL)

太阳和日光层天文台、太阳动力学天文台

关于太阳的极其壮观的照片大多数来自在太空运行的太阳望远镜，比如太阳和日光层天文台（SOHO）。SOHO于1995年12月2日发射升空，距离地球150万千米（大约是月亮与地球之间的距离的4倍），位于地球和太阳之间。这一位置非常有利，SOHO能昼夜不停地研究太阳。在太空中，我们可以研究在地面上看不到的太阳大气层。因为来自色球层和日冕的绝大多数辐射都被地球大气层屏蔽了。

太阳动力学天文台（SDO）是NASA在2010年发射的新卫星。SDO卫星拍摄照片的分辨率比高清电视还要高4倍，每10秒钟在每个观测波长上拍摄一张照片。它的作用是帮助我们理解太阳上的动力过程和太阳对地球的影响。

右侧的两张太阳图像。左图是用观测可见光的相机拍的，太阳的样子就像我们裸眼看到的一样。右图是在同一天拍摄的，看起来大不一样。它是用紫外相机拍摄的。紫外线对我们的眼睛来说是不可见光。不过，用专门的仪器可以探测到紫外线。右图中看到的是色球层，即太阳表面的一层炽热气体。图中的明亮区域称为紫外增强活动区。

2010年发射升空的太阳动力学天文台（图片来源：NASA）

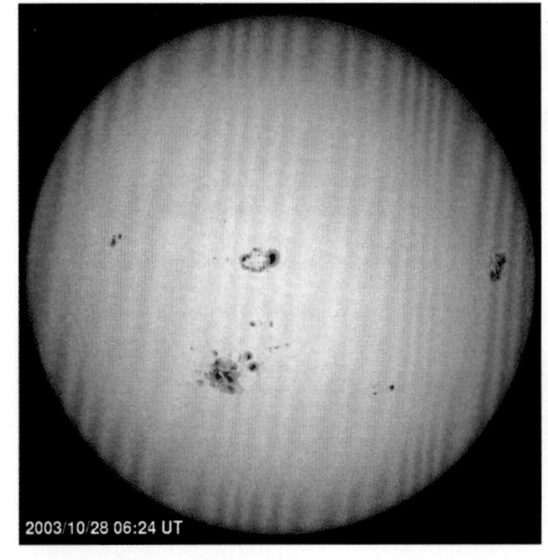

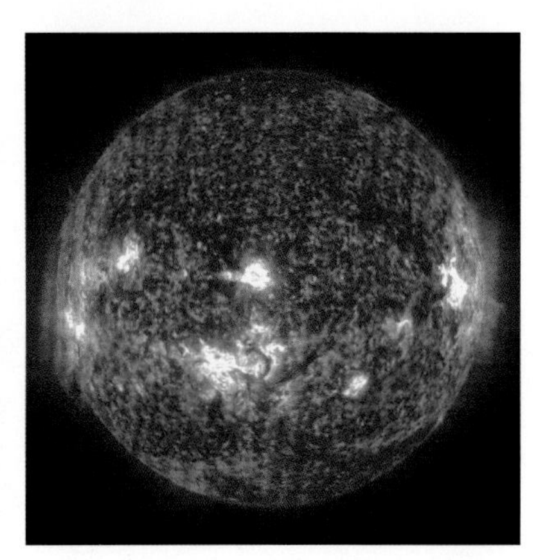

用可见光相机拍摄的太阳（左图），可以看到太阳表面和一些黑子。右图是用紫外相机拍摄的，可以看到太阳的外层大气（图片来源：ESA/NASA）

SOHO 每天 24 小时观测太阳，它既能研究太阳大气层，又能“看”到太阳深处（图片来源：S. Hill/ESA/NASA）

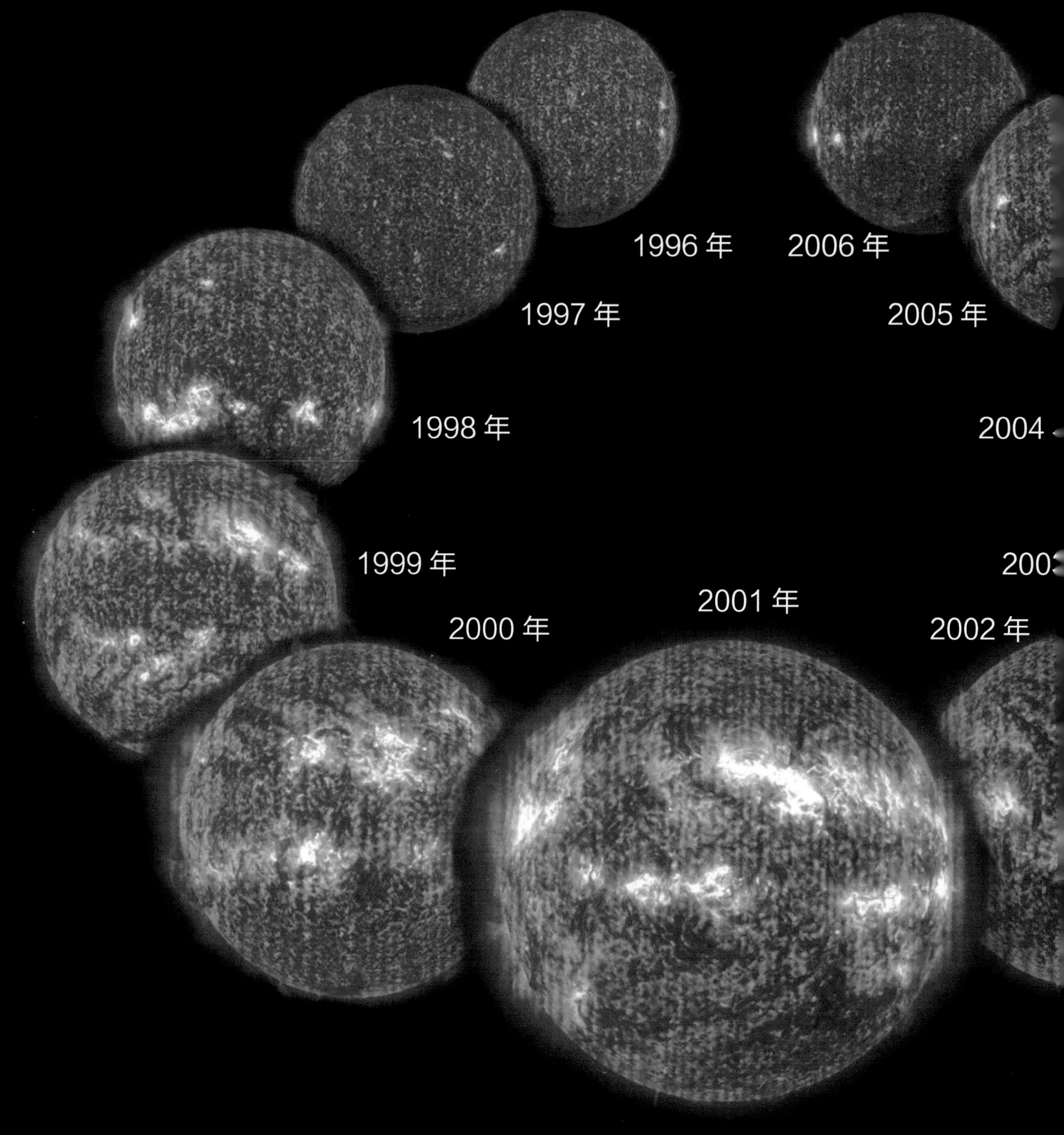
1996 年
2006 年
1997 年
2005 年
1998 年
2004
1999 年
2001 年
2000 年
2002 年

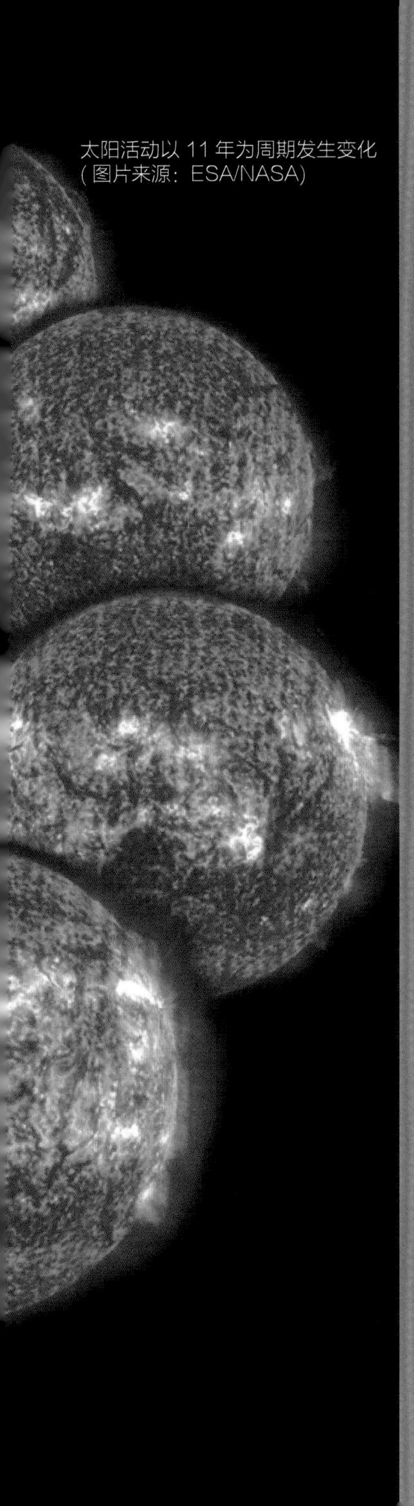
太阳活动以 11 年为周期发生变化
(图片来源：ESA/NASA)

太阳：一颗变化的恒星

太阳：一颗变化的恒星

在地球上裸眼看去，太阳相当安静祥和，只是天空一个黄色的盘子。实际上，太阳是一颗变化很大，而且脾气非常暴躁的恒星，它发出来的不是只有光和热。

太阳是极光的来源，能够严重影响我们如今的技术社会。太阳也会影响气候，因为它输入的能量会发生变化。这也是我们要增进对太阳的了解的重要原因，它毕竟是我们赖以生存的恒星。

随着我们在地面和太空中拥有更多更新的观测设备，我们能够了解更多关于太阳的秘密。

在地球上看，太阳像是一颗安静的黄球，毫无变化地划过天空。上图是挪威林厄尔岛上4：30的日出(图片来源：P. Brekke)

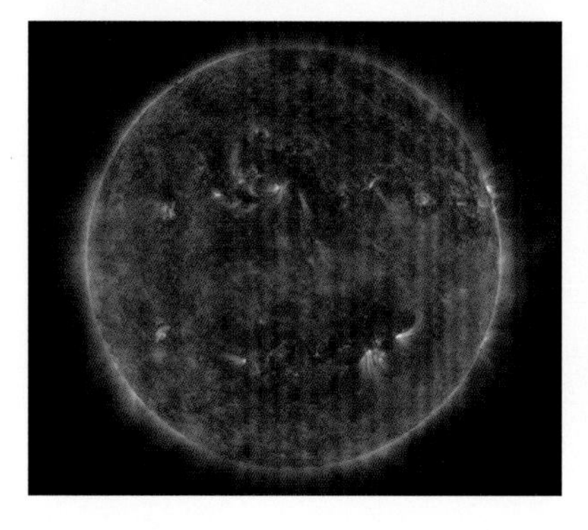

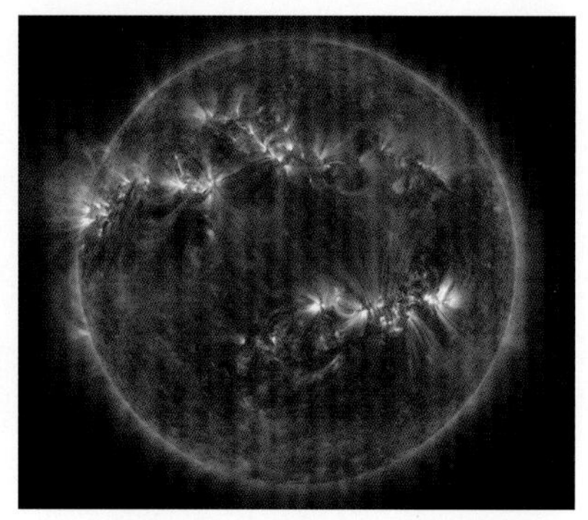

在接近太阳活动极小期(左图)、极大期(右图)观测到的太阳。注意，在太阳活跃期间，我们能看到许多明亮的高强度区域。黄色是人工加到数码相片上的(图片来源：SOHO/ESA/NASA)

一团巨大的气体从太阳上被甩进太空（图片来源：SOHO/ESA/NASA）

太阳黑子周期

每隔 11 年左右，太阳就会经历一个被我们称为“太阳极大”的时期，这一时期太阳表面上有许多巨大的太阳黑子。大约 5 年后，太阳会进入“太阳极小”时期，此时太阳表面上黑子很少，甚至没有黑子。跟踪记录太阳黑子数目，我们能够把握太阳的节奏，以及太阳磁力和太阳风暴的变化情况。自 1610 年开始，人类就拥有良好的太阳黑子记录，那一年伽利略用他的望远镜做了记录。

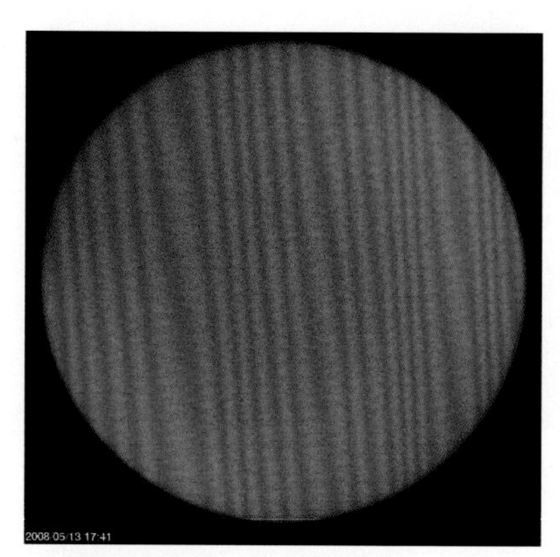

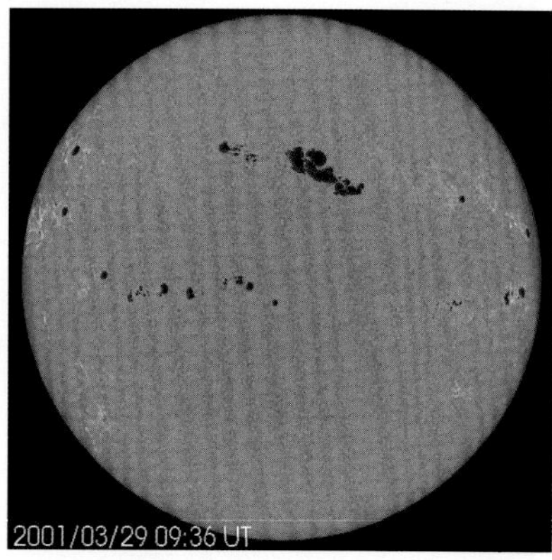

有时候太阳表面一个黑子也没有，有时候会有很多巨大的黑子 (图片来源：SOHO/ESA/NASA)

下图画出了 400 年来每年的太阳黑子数据，显示了太阳活动周期性的涨落。11 年的周期性很明显 (图片来源：T. Abrahamsen/ARS)

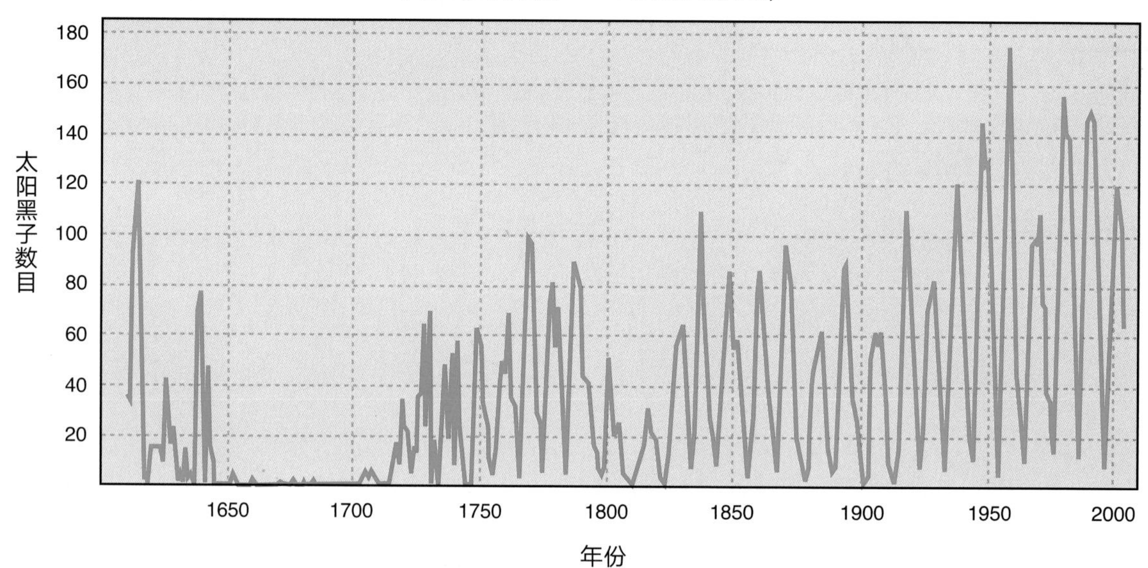

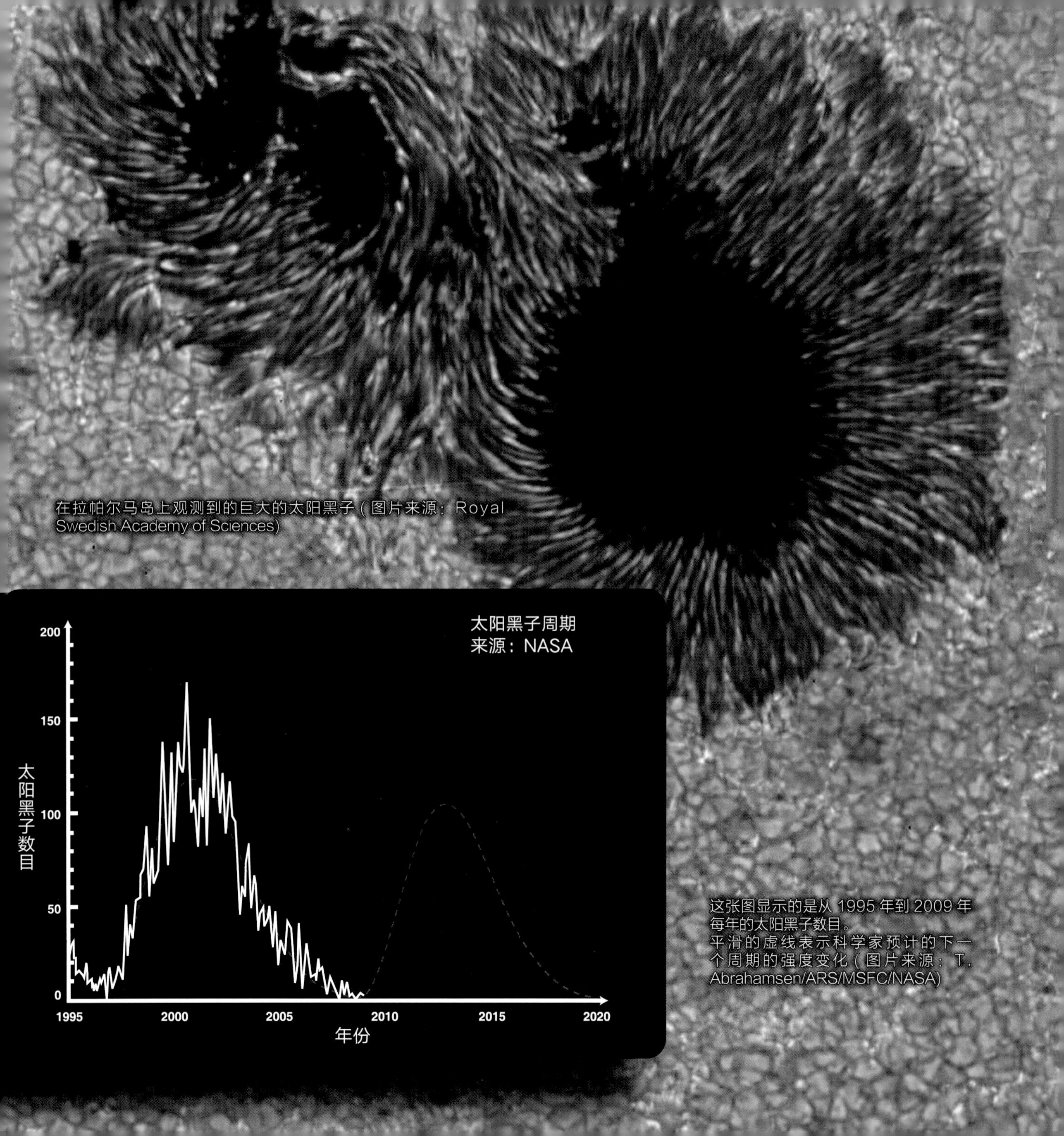

在拉帕尔马岛上观测到的巨大的太阳黑子（图片来源：Royal Swedish Academy of Sciences)

这张图显示的是从 1995 年到 2009 年每年的太阳黑子数目。
平滑的虚线表示科学家预计的下一个周期的强度变化（图片来源：T. Abrahamsen/ARS/MSFC/NASA)

太阳上的爆发

太阳上巨大的活动区磁场经常会变得不稳定，这会在太阳大气层中导致猛烈的爆发，我们称之为太阳耀斑。耀斑能够在几秒钟里释放相当于几亿亿吨烈性炸药 TNT 爆炸的能量。在这种爆发中，气体被加热到 20 000 000 ℃。这种超级炽热的气体会发出大量的紫外线和 X 射线。这些辐射光线以光速前进，在 8 分 20 秒后抵达地球大气层。幸运的是，这些有害的辐射光线被地球大气层里的臭氧等有保护作用的气体阻挡。这样的爆发也会影响无线电和卫星通信（见后文表述）。

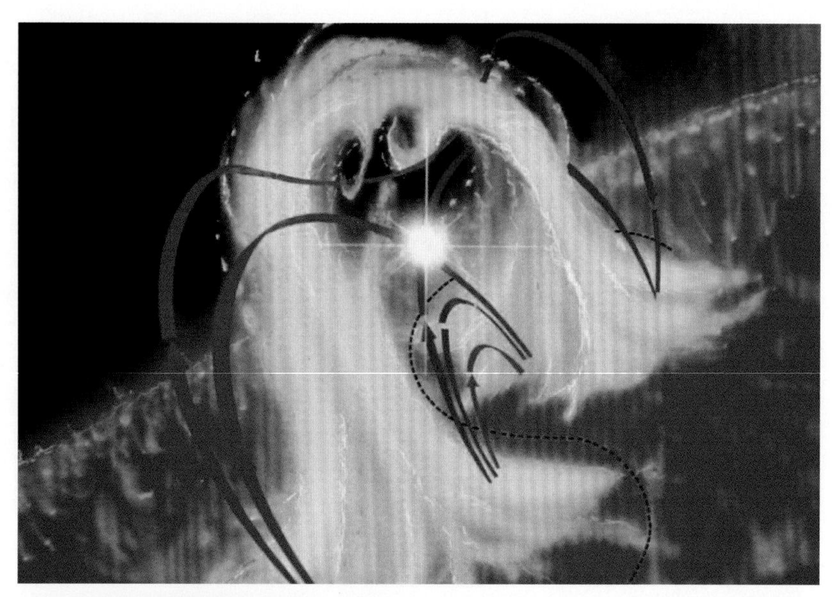

对正在发生的太阳耀斑的艺术描述。有时方向相反的磁力线会相互连接，并以光和热的形式释放出大量能量（图片来源：MSFC/NASA)

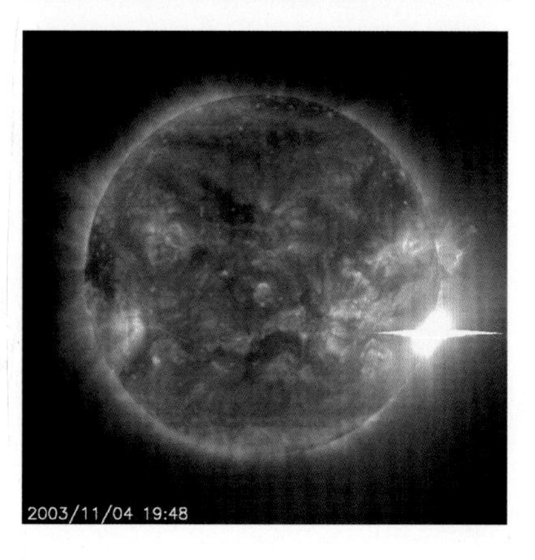

2003 年在日面边缘观测到一次猛烈爆发（耀斑）（图片来源：SOHO/ESA/NASA)

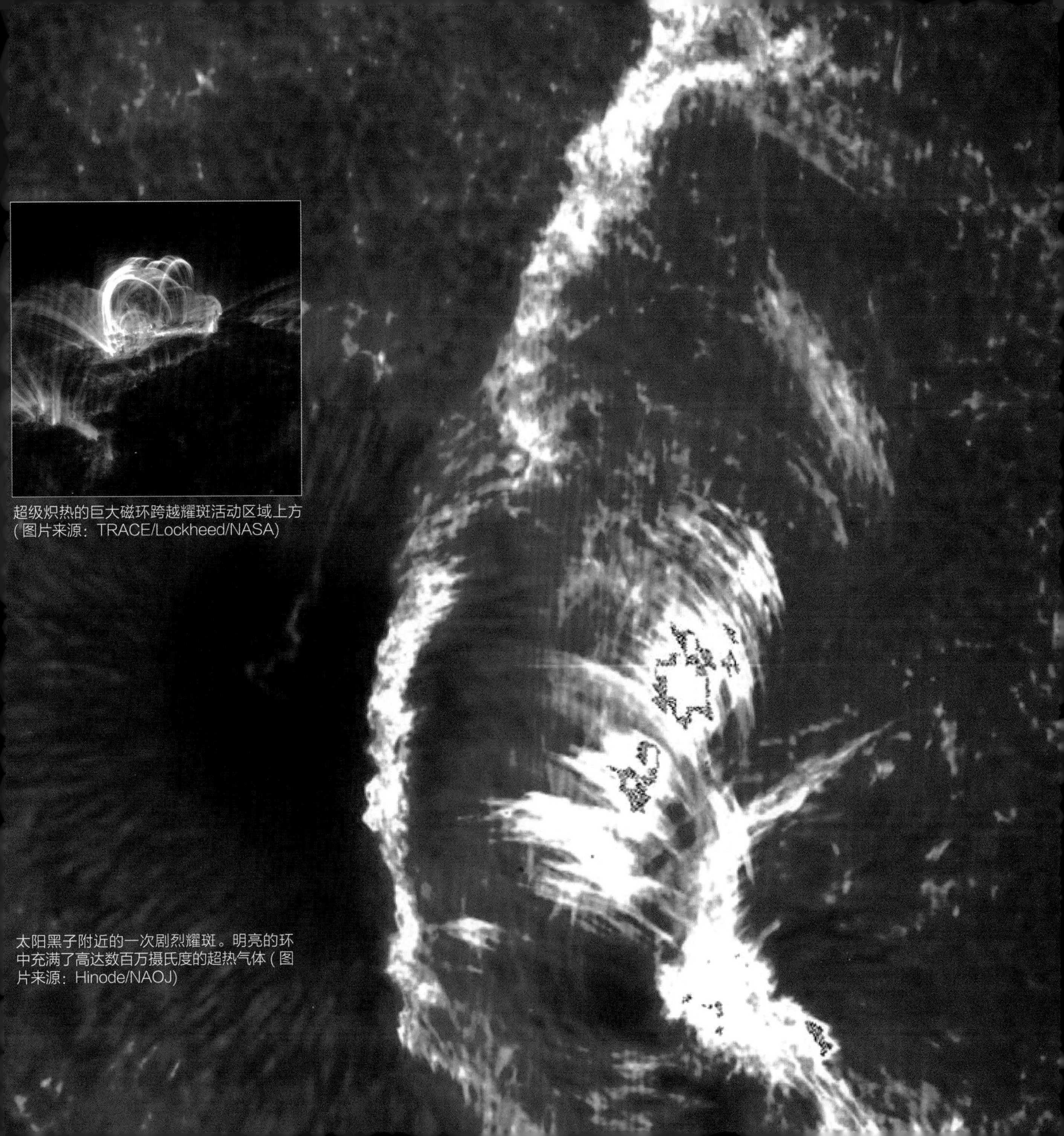

超级炽热的巨大磁环跨越耀斑活动区域上方（图片来源：TRACE/Lockheed/NASA）

太阳黑子附近的一次剧烈耀斑。明亮的环中充满了高达数百万摄氏度的超热气体（图片来源：Hinode/NAOJ）

太阳气体喷发

大型的日珥有时会产生喷发，把大量的气体和磁场喷入太空。最大型的喷发会喷出数十亿吨粒子，质量相当于十万艘大型战舰。这样的喷发又被称为日冕物质抛射，简称 CME。

气体泡会膨胀进入太空，速度能达到 800 万千米 / 秒。尽管速度如此之快，它还是需要约 20 小时才能到达地球。通常太阳风走完这段旅程需要 3 天。

如果这样的喷发是朝向地球的，高能粒子会被地球磁场偏转，粒子云会在地球磁场里来回振荡，产生我们所谓的地磁风暴。在这样的风暴作用下，我们可以见到强烈的极光。

一次日冕物质抛射，质量高达十亿吨的气体正在被抛入太空。这张照片是探测器 SOHO 上的 LASCO 设备拍摄的。望远镜内的一个小盘屏蔽了来自日冕的明亮阳光，创造了人造日食（图片来源：SOHO/ESA/NASA）

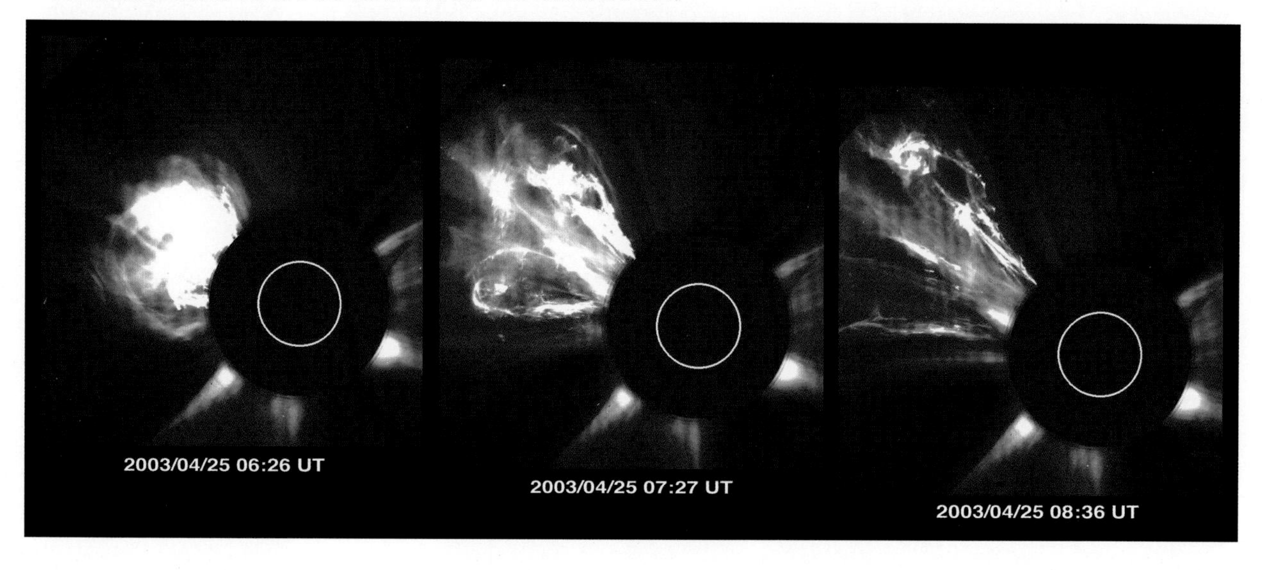

如果喷发的太阳气体冲向地球，这些气体以及其中包含的磁场，会与地球磁层发生相互作用。幸运的是，磁层就像一道看不见的防护盾保护我们不受这些危险粒子的伤害

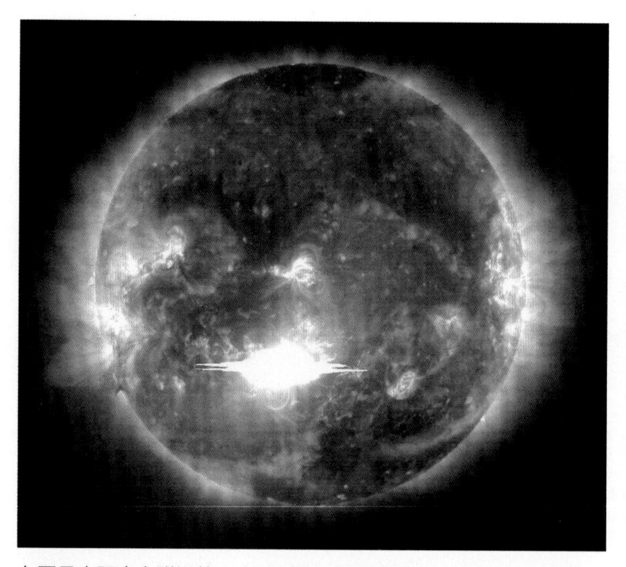

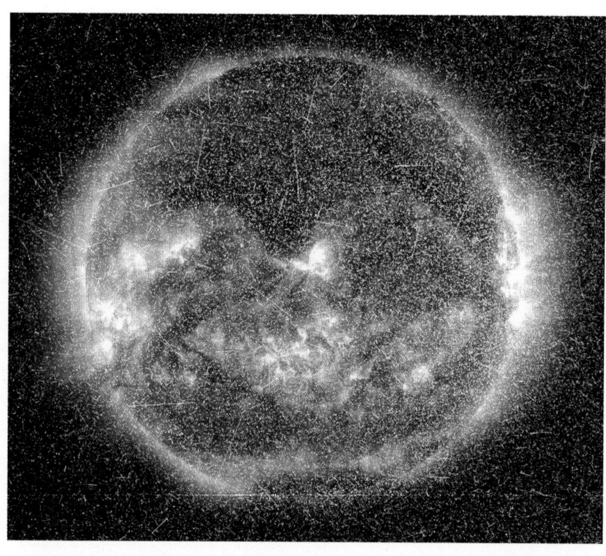

左图是太阳中心附近的一次强烈的日冕物质抛射。有时，在这样的太阳事件中，大量的高能粒子被加速后冲向地球。右图中，高能粒子产生了大量的白噪声（图片来源：SOHO/ESA/NASA）

来自太阳的粒子“暴雨”

有些爆炸或喷发能够把大量的粒子加速到接近光速。这样的粒子“暴雨”基本都是由质子组成的，它们用不到 1 小时的时间就能到达地球。这些质子的速度和能量如此之高，以至于它们能穿透卫星和飞船。因此，它们能够对电子设备造成严重伤害。它们也会影响那些正在观测太阳的卫星上的图片和科学数据的质量，如右上图所示。高能粒子导致数码相机“失明”，我们在图中看到大量噪声。许多卫星已经被来自太阳的质子“暴雨”损坏。这些质子也会对太空中的人造成伤害。地球磁层阻止了这些高能粒子抵达地面，在地球上的我们被保护起来免受此类伤害。

2011 年 3 月 7 日用 SDO 观测到的一次强烈的日珥。早期的科学家认为只有日珥才能引发高能粒子“暴雨”。现在我们知道，日冕物质抛射也会产生高能粒子（图片来源：SDO/NASA）

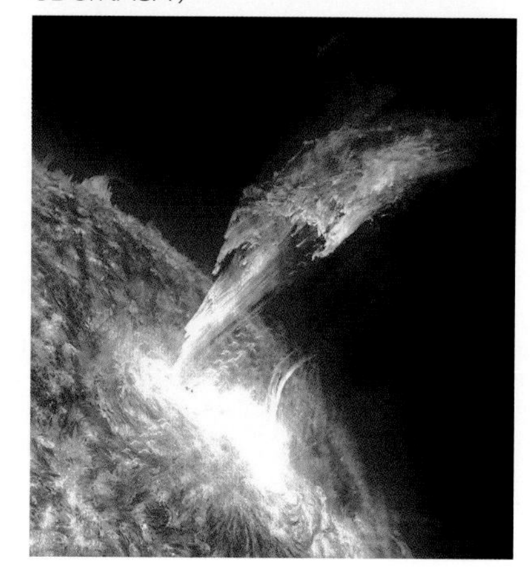

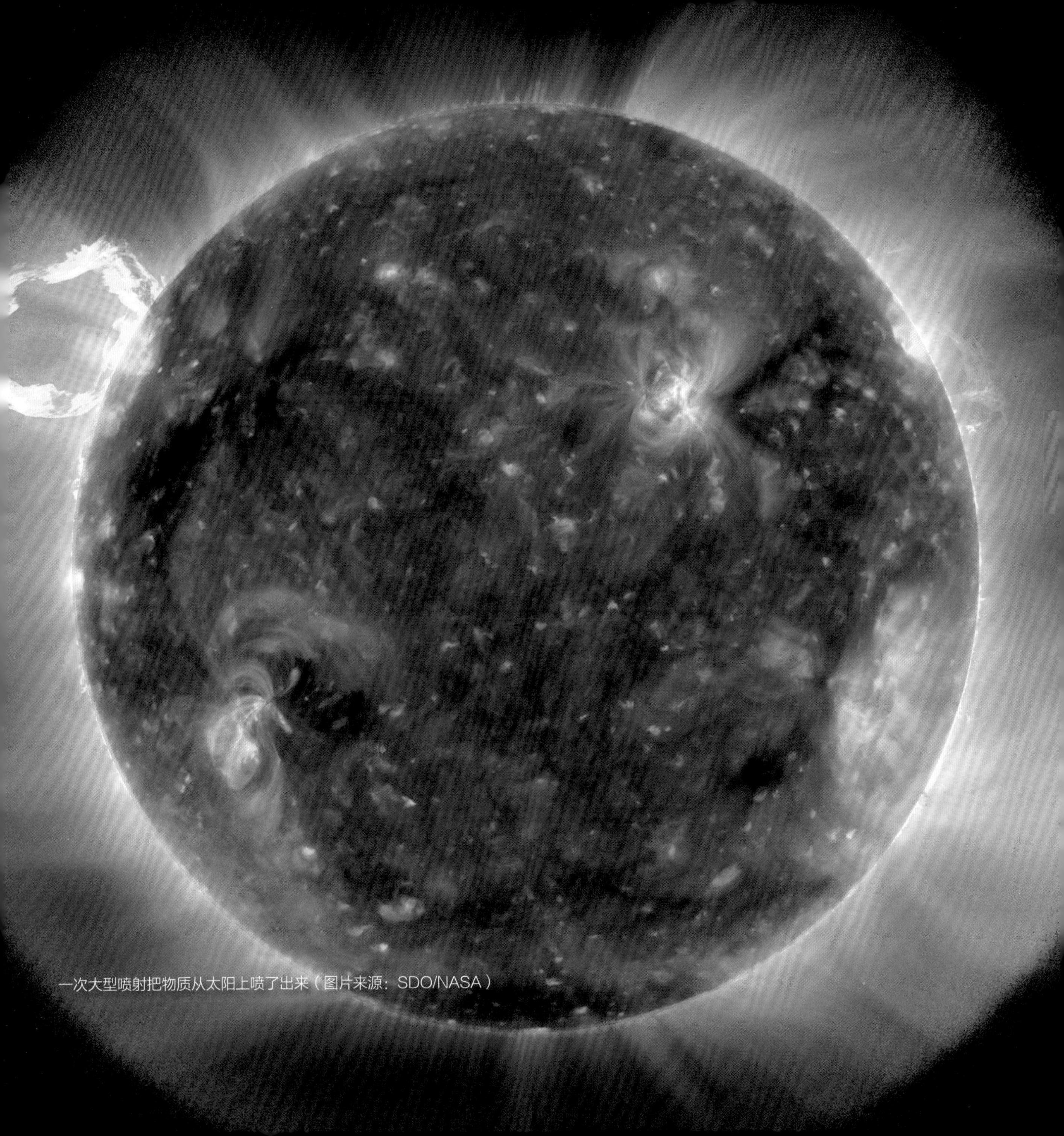

一次大型喷射把物质从太阳上喷了出来（图片来源：SDO/NASA）

太阳风暴使一些行星两极发生极光，也会对在太空里的人造成伤害(图片来源：NASA)

北极光和太空天气

北极光：神话

在古代，人们把北极光看成战争、灾难或者瘟疫的预兆。这时候，孩子们被带到室内，许多人惶恐不安。北极光对斯堪的纳维亚文明产生了特别深刻的影响。在那里的历史上，它有许多名称。北极光是它的科学名称，在拉丁语中的意思是“北方的红色曙光”。但其实我们通常看到的北极光是绿色的。不过，是意大利科学家伽利略首先使用“北方的红色曙光”这个名词来命名北极光，因为在极强的太阳风暴时，在意大利这样的南方地区有时也能看到北极光，这时它通常带着红色。所以，“北方的红色曙光”就成了北极光的拉丁语义了。

特罗姆瑟上空的北极光（图片来源：P. Brekke）

挪威探险家 Fritjof Nansen 绘制的木版画（图片来源：F. Nansen）

在古代，许多人认为如果他们挥动白色手帕，极光会变得更强（图片来源：U. Dreyer）

早期科学：克里斯蒂安·勃开兰特

关于北极光，至少有几百种故事和理论，但几千年来，没有人想到它与太阳有关。

挪威的科学怪人克里斯蒂安·勃开兰特（1867—1917）在一个玻璃盒中建造了世界模型，在周围加上磁场，成为证明来自太阳的粒子能够产生北极光的第一人。他还证明了在南极地区也会同时产生类似的光学现象。因此，极光这个名字可能更准确。直到我们把火箭和卫星发射上了太空，勃开兰特的理论才得到证实。

勃开兰特还被确认是试图理解太阳和地球之间的物理联系的第一人。

人们可以看到壮观的北极光存在幕状结构。这张照片是 2004 年 11 月 8 日在奥斯陆南边的 Langhus 拍摄的（图片来源：A. Danielsen）

200 挪威克朗的纸币上印着勃开兰特的头像，以及他的“小地球”实验、北斗七星、北极星和极光环带（图片来源：Norges Bank）

克里斯蒂安·勃开兰特和他的“小地球”实验。金属球是地球模型，而玻璃容器的真空是模拟太空。当勃开兰特向地球模型发射粒子时，两极地区会发光（图片来源：UiO）

极光是怎么产生的？

当来自太阳的粒子与地球的磁层发生作用时就形成了极光。有些粒子能够进入地球背向太阳那一面的磁层（尾部）。当太阳风暴撼动地球磁层的时候，磁层里的太阳粒子沿着磁力线射向地球。它们被磁力线引导飞向两极地区。当粒子冲击地球大气层时，与氧气和氮气发生碰撞，碰撞一般发生在 80~300 千米的高度。粒子的能量传递给原子（原子被激发），原子立即会以某些特定频率或颜色发光。其结果就是，在大气层发出绿、红、白、蓝等各色光芒。这个发光机制类似于日光灯、霓虹灯或老式电视机的发光过程。

通常来说，北极光很容易在北半球高纬度地区看到，比如阿拉斯加、加拿大北部和斯堪的纳维亚半岛北部。不过，在发生强太阳风暴之后，有时在低纬度的西班牙、意大利甚至美国佛罗里达都可以看到。与之类似，南极光通常也在南半球高纬度的地区最容易看到。

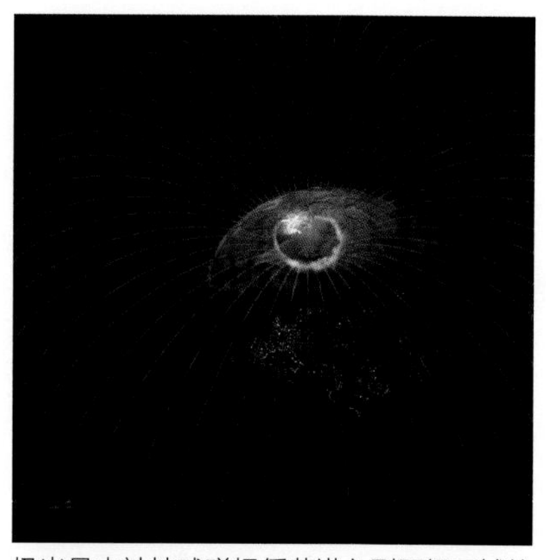

极光是由被地球磁场俘获进入到两极区域的太阳粒子，与大气层发生碰撞而形成的（图片来源：T. Abrahamsen/ARS）

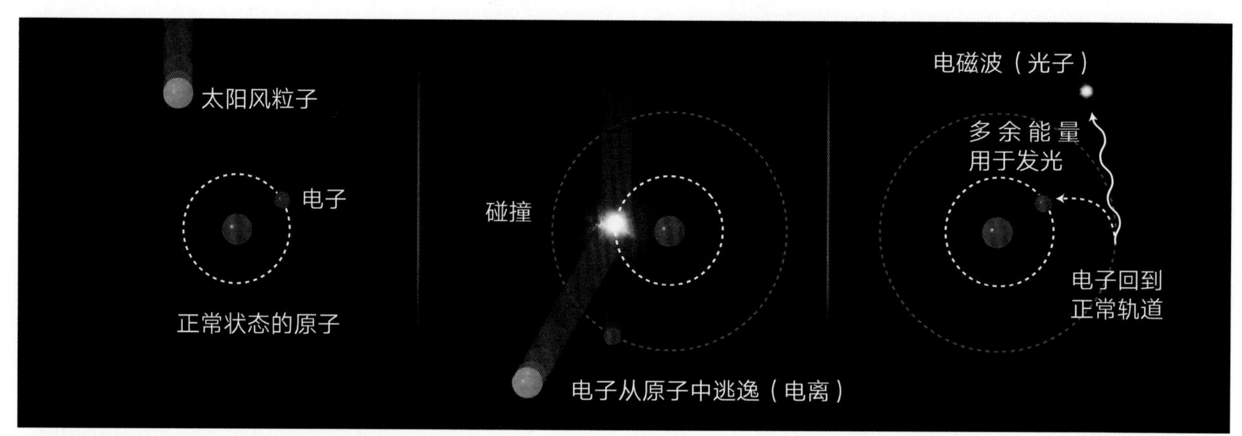

来自太阳的粒子与地球大气层的原子发生碰撞，把电子激发到能量较高的轨道上。电子会迅速“跌回”原来的轨道，以发光的形式释放能量（图片来源：T. Abrahamsen/ARS）

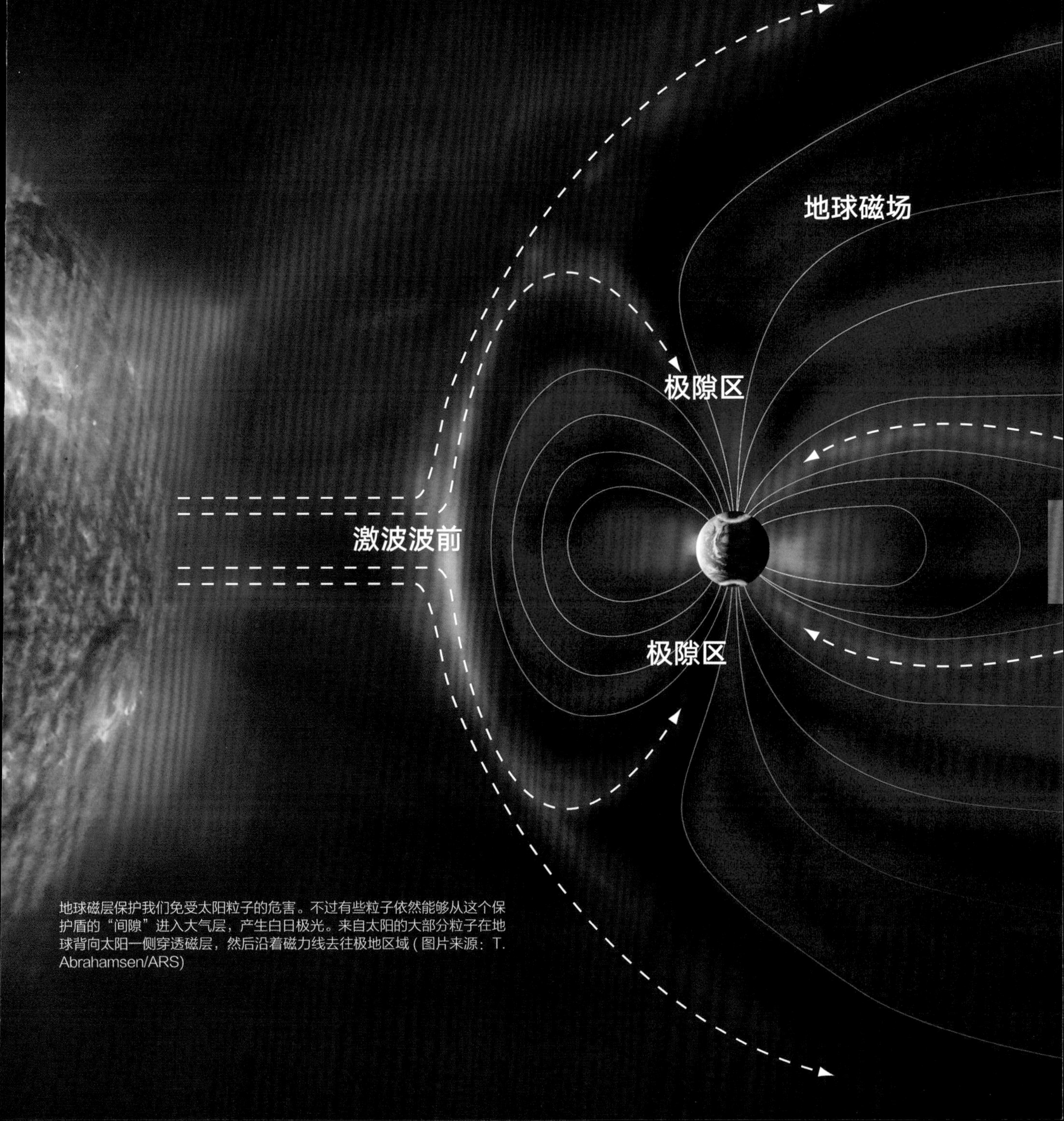

地球磁层保护我们免受太阳粒子的危害。不过有些粒子依然能够从这个保护盾的“间隙”进入大气层，产生白日极光。来自太阳的大部分粒子在地球背向太阳一侧穿透磁层，然后沿着磁力线去往极地区域(图片来源：T. Abrahamsen/ARS)

其他行星上的极光

只有在地球上才能看到极光吗？非也。实际上，在许多其他行星上也能看到极光，比如木星、土星、天王星和海王星。这些行星都是气态行星，拥有大气层和磁场。这些行星上的极光是由同样的机制引起的。太阳上的大爆发会干扰它们的磁场，把粒子注入它们的大气层。然后，这些行星两极的大气层就像巨大的霓虹灯一样发光。用太空探测器观察那里的极光时，我们会发现这些行星极光跟地球上的极其相似。

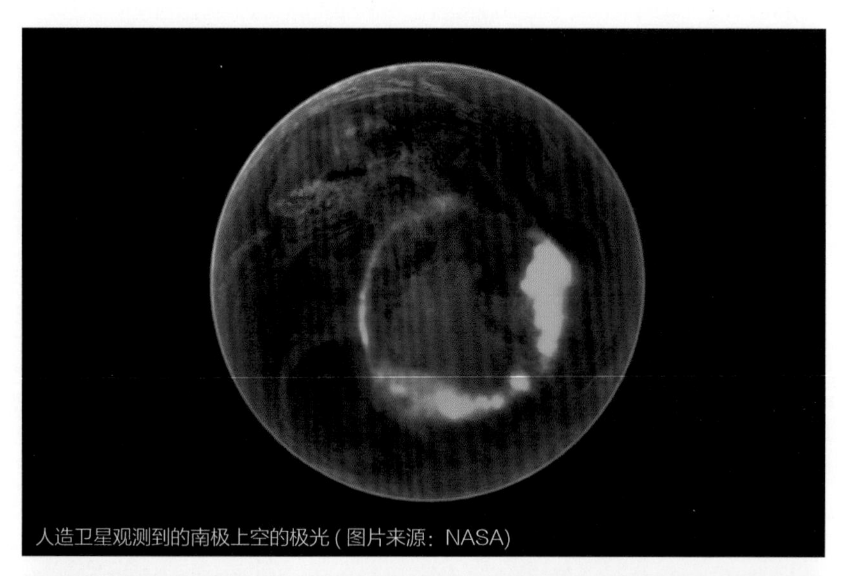
人造卫星观测到的南极上空的极光（图片来源：NASA）

哈勃太空望远镜观测到的土星极光（图片来源：NASA）

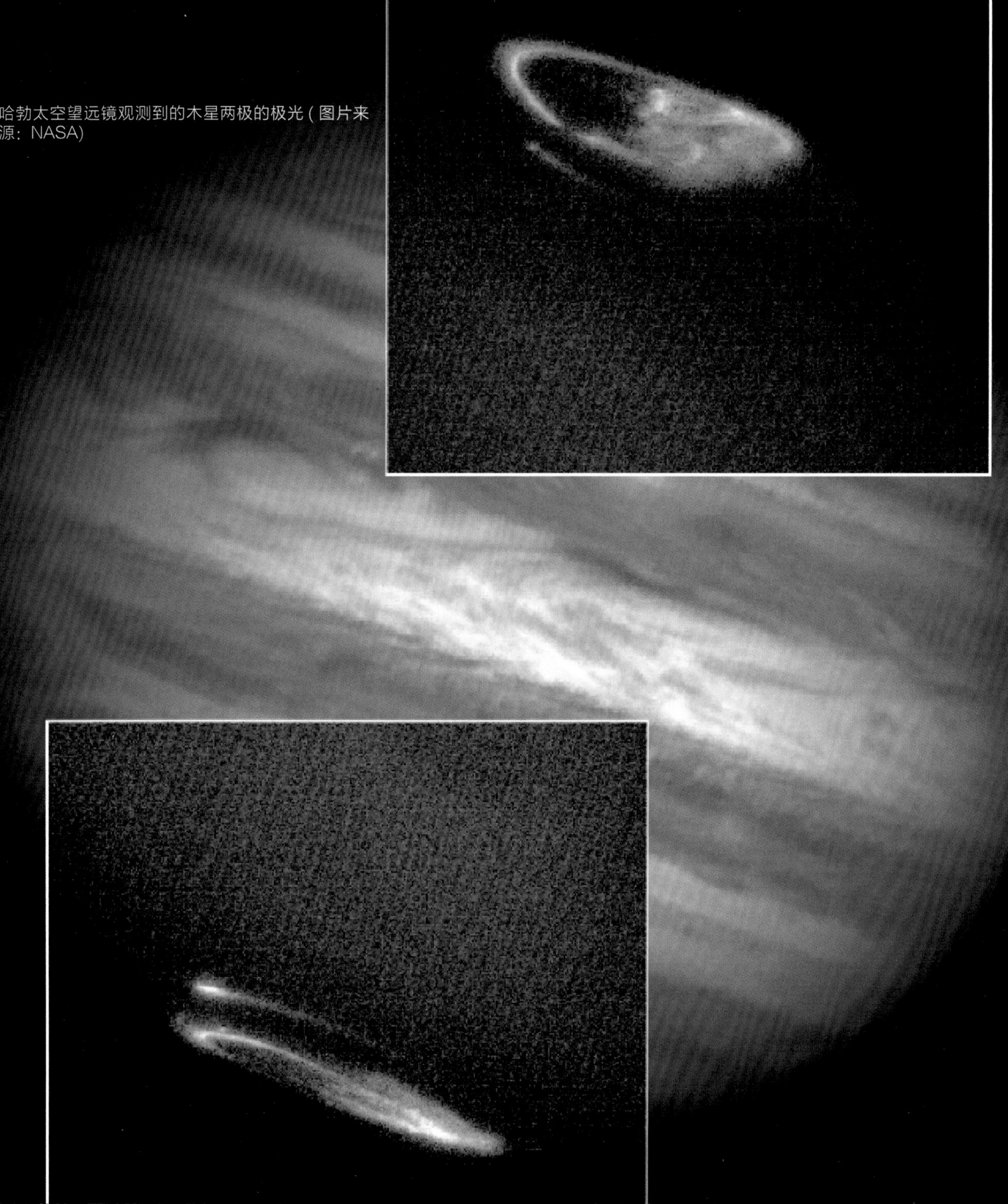

哈勃太空望远镜观测到的木星两极的极光（图片来源：NASA）

太阳风暴会伤害太空中的人和电子设备 (图片来源：NASA)

太空天气

你知道外太空也有风暴吗？有时候这些风暴还会对地球造成损害。除了产生美丽的极光，太阳风暴还会造成许多不好的后果。极光在地球大气层中发生剧烈的反应，有时产生的电能可以达到 1 500 吉瓦，这几乎相当于欧洲年能源生产总量的两倍！

太阳风暴向太空发出大量的辐射、粒子、气体和磁层，有时候会直冲地球而来。我们很幸运地被保护着避开了其中绝大多数的危险。这是因为地球的大气层使紫外线和 X 射线无法到达地面，地球的磁层会使太阳粒子发生偏转。

太阳风暴产生的结果称为太空天气。你知道科学家怎么做太空天气预报吗？

卫星会受到太空天气中“冰雹风暴”的影响，这时被太阳加速后的高能粒子会穿透并损害卫星内部的电子设备。也许要给卫星用上“太空保护伞”（图片来源：T. Abrahamsen/ARS）

太空天气是怎么对人类社会造成伤害的

直到大约 100 年前，我们都还没怎么注意与我们擦肩而过的太阳风暴。如今，有千余颗人造卫星正在太空运行，人类社会的正常运行无时无刻不依赖这些卫星。我们使用卫星进行天气预报、通讯、导航、测绘、搜索和救援、研究和军事侦察。失去卫星信号会产生严重后果。

太阳风暴会影响重要的导航系统和关键的广播通信。飞越两极地区的民航客机可能会与航空控制中心失去联系。太阳风暴能使卫星电话停止工作、电网停电。

今天，新一代卫星正在每天 24 小时监测太阳，提供太空天气预报，发出可能袭击地球的太阳风暴预警，就像我们在电视上看到的天气预报一样。

你知道鸽子也会受到太阳风暴的影响吗？它们利用地球磁场作为导航手段之一。太阳风暴过后，地球磁场会发生很大改变，因此指南针不能正确指示方向。这种变化也会让鸽子变糊涂。

在极强的太阳风暴期间，我们会发现天气预报的准确性比较差、电视信号丢失、停电、导航系统罢工。

当太阳风暴使劲“摇晃”地球磁场时，会在电网系统中产生大量额外电流，从而干扰电网正常供电 (图片来源：P. Brekke)

像 GPS 和伽利略卫星这样的导航系统会受到太阳风暴的影响 (图片来源：ESA)

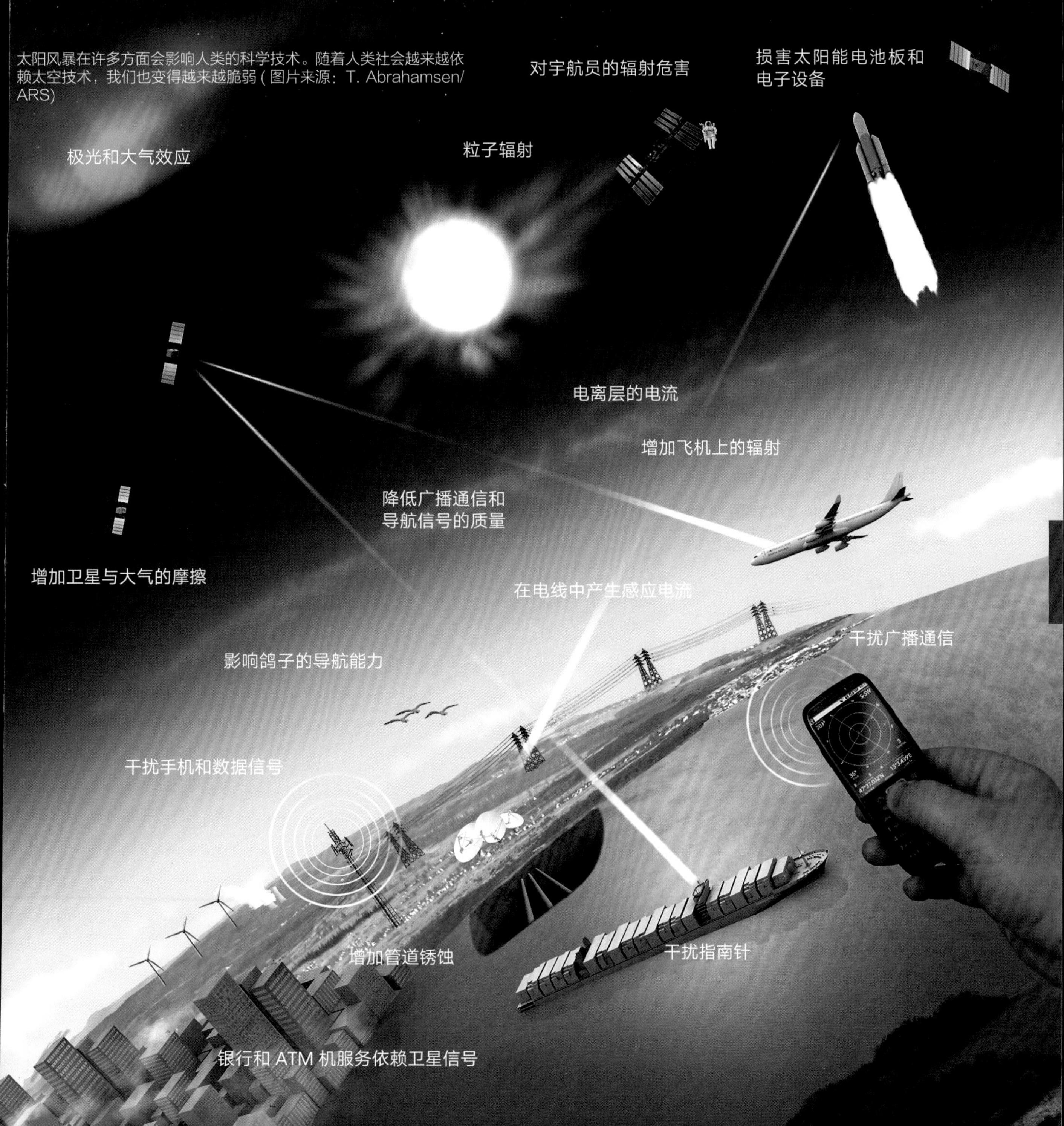

太阳风暴在许多方面会影响人类的科学技术。随着人类社会越来越依赖太空技术，我们也变得越来越脆弱 (图片来源：T. Abrahamsen/ ARS)

太空天气如何危害宇航员

来自太阳的高能粒子会对在太空工作的人造成伤害。粒子会穿透航天器和宇航服，就像放射源一样，会损伤人体器官。在太空站和航天飞机中的宇航员受到地球磁场的部分保护，但在太阳风暴期间的大量辐射之下他们依然会生病。瑞典宇航员克里斯特·富格莱桑（Christer Fuglesang）在2006年一次太阳风暴期间就差点尝到太阳粒子辐射的滋味。

不过，在飞往月球和火星的太空任务中，宇航员脱离了地球有保护性的磁层，那是十分危险的，即便是在航天器内部。在20世纪70年代的阿波罗计划中，没有任何一架航天器遇到强太阳风暴袭击，真的纯粹是运气。在1972年阿波罗16号与17号任务之间，出现了一次极强的质子簇射，它如果袭击了阿波罗飞船，就会造成致命的后果。

这类来自太阳的高能粒子对于未来前往火星执行任务是一项挑战。地球与火星之间来回一次要花上大约3年时间。因此我们需要找到新的方法来保护宇航员，要么使用新型材料建造太空飞船，要么发明人工磁场屏蔽盾保护他们不受太阳风暴的伤害。

在阿波罗11号执行任务期间，小鹰号登月舱正在前往哥伦比亚号指令舱（图片来源：NASA）

未来宇航员在火星上执行任务的艺术画。地球拥有磁场，但火星上并没有磁场来屏蔽辐射，所以人类在火星上活动需要人工保障来减少太阳风暴的危害（图片来源：ESA）

宇航员克里斯特·富格莱桑在国际空间站（ISS）外面的太空中飘浮。在一次太空行走过程中，他暴露在了少量的辐射之下（图片来源：ESA/NASA）

当太阳变“狂暴”

2003 年秋天，太阳引起了全世界的注意。当时可以看到三个异常巨大的太阳黑子。在随后的仅仅 14 天，人们便记录下了好几次太阳风暴，包括当代最强的一次太阳耀斑。

其中一次爆发，太阳粒子的速度达到 85 万千米 / 小时，创造了新的纪录。有好几次爆发是指向地球的，一直到西班牙和美国佛罗里达这样的低纬度地区都能看到极其壮丽的极光。但是，这些事件也对我们以技术为基础的社会造成了严重后果。

太阳风暴产生的大量的高能粒子会伤害在太空中的人类，因此当时在国际空间站工作的宇航员们被送到墙壁最厚的区域，以保护他们的安全。这次爆发除了造成一颗日本卫星损毁，还使好几颗卫星受到影响。瑞典南部数千人生活的区域发生停电，航空控制中心把许多跨越大西洋的航班调整到南方航线，以避免广播通信遇到问题。甚至在喜马拉雅山区的爬山者也遇到了卫星电话不通的问题。这些还只是在这次太阳风暴之后被报告出来的一部分问题。

2003 年 10 月 28 日 SOHO 观测到的太阳。当太阳落到地平线附近时，裸眼就能看到这些极大的黑子 (图片来源：SOHO/ESA/NASA)

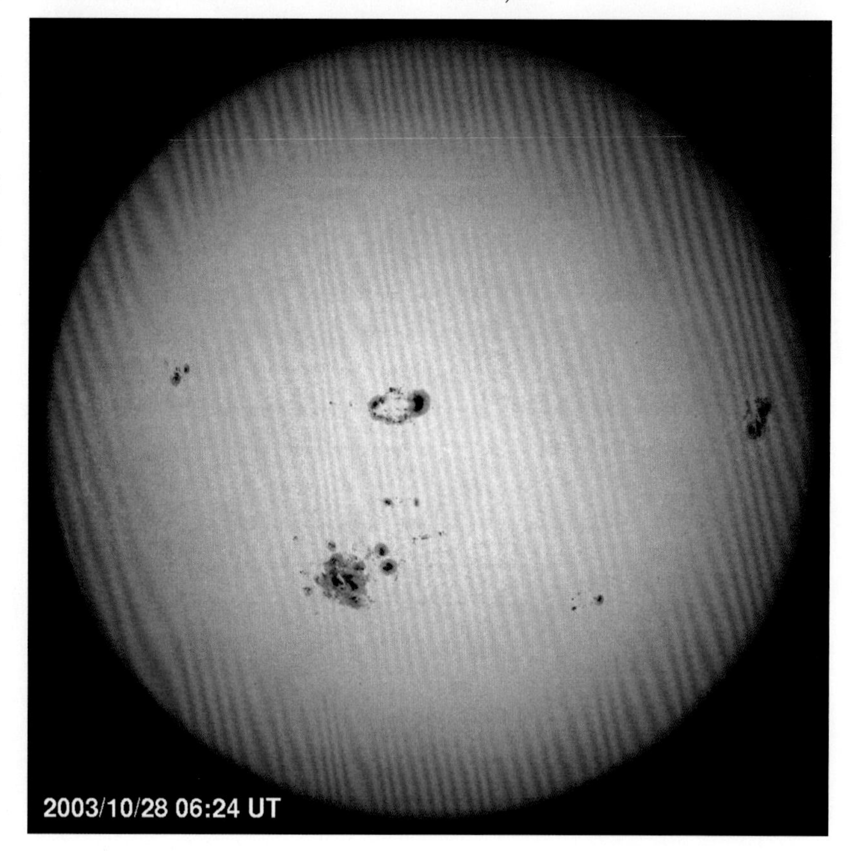

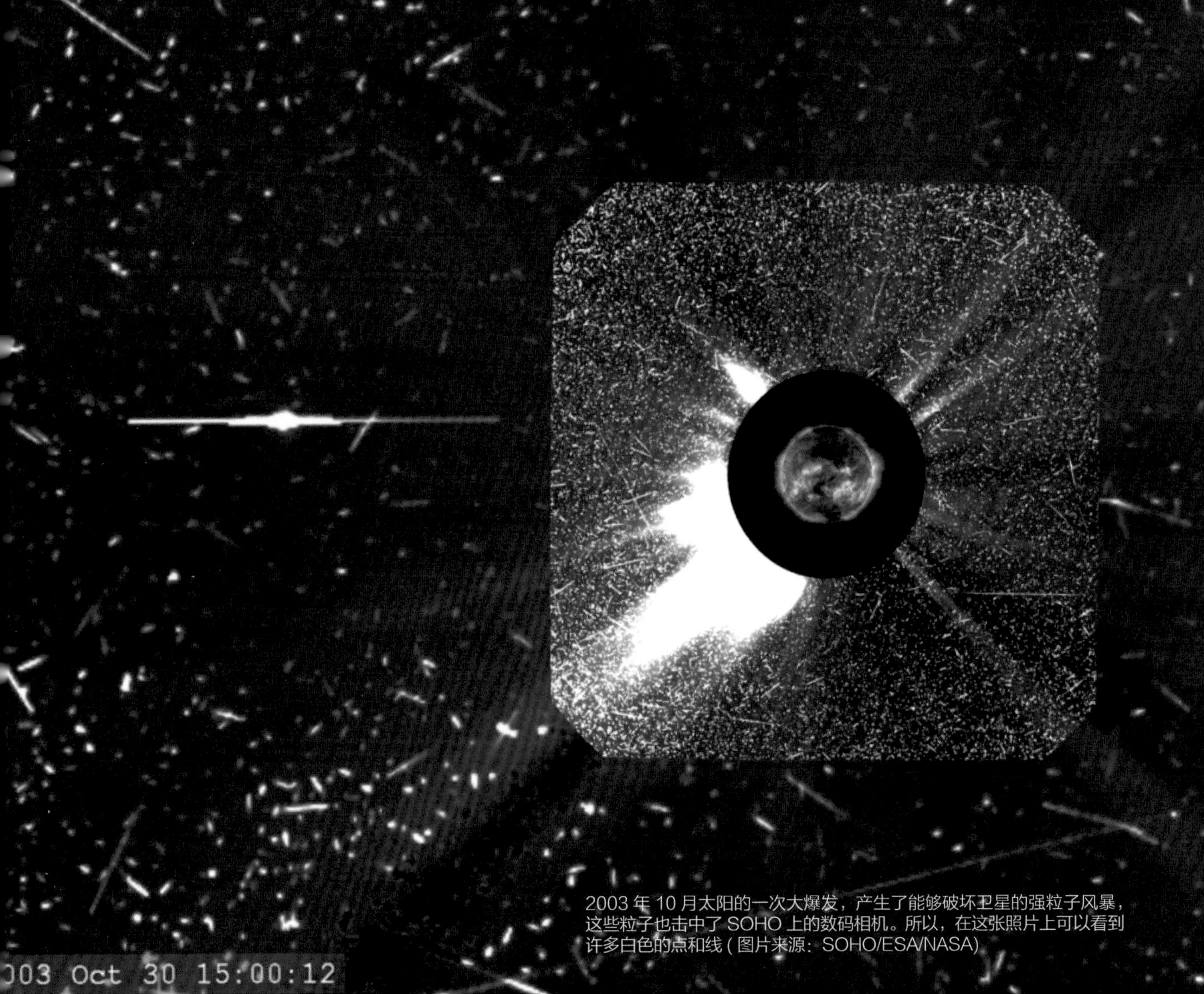

2003 年 10 月太阳的一次大爆发，产生了能够破坏卫星的强粒子风暴，这些粒子也击中了 SOHO 上的数码相机。所以，在这张照片上可以看到许多白色的点和线 (图片来源：SOHO/ESA/NASA)

太阳活动和地球环境变化

地球经历过大规模的环境变迁。甚至仅仅在过去几千年里，就有较大的温度变化。一千年前，格陵兰岛比现在更温暖。维京人定居在水草丰茂的山区种植庄稼。那个时候太阳非常活跃，也更明亮。后来，太阳安静下来，温度下降，海洋冰川增多，峡湾都结了冰。许多人被迫离开了格陵兰岛。

在过去的 100 年里，土地开发、森林砍伐和温室气体排放等人类活动极大地改变了气候。如今由于人类活动造成的气候变化引起了越来越多的关注。自然原因的气候变化主要是由太阳引起的，人为的气候变化在此之上起作用。

我们既要了解人为原因引起的气候变化，也要更好地了解自然原因引起的气候变化。如果我们对太阳了解得更多，也许能够预测它在未来会如何变化。

我们知道太阳活动的变化将引起气候的变化。特别是当我们回顾历史的时候，就会发现强有力的证据证明太阳是气候的重要推手。因此，更好地理解太阳是如何变化的非常重要(图片来源：Instituto de Astrofisica de Canarias)

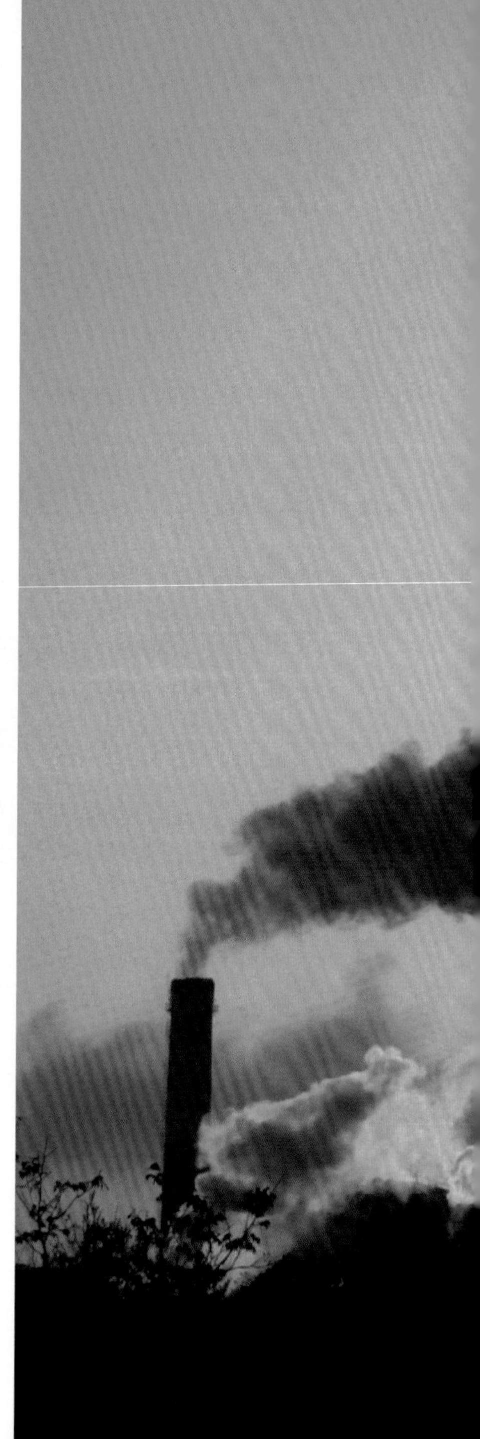

人们对于温室气体排放导致的气候效应越来越关心（图片来源：dreamstime.com）

太阳对地球上所有的生命都很重要（图片来源：dreamstime.com）

太阳和地球上的生命

地球大气层

有了大气层地球上才可能存在生命，它阻止来自太阳的危险辐射到达地球表面。同时，它也足够“聪明”，让太阳的能量能够透过它，并且防止能量再次逃逸到太空里去。就这样，它像一条毯子一样让我们昼夜都保持温暖。这个效应称为温室效应。

因为地球存在引力，才能够“拉住”大气层，使之不至于蒸发到太空里。大气层中包含我们呼吸的空气，还包含臭氧。臭氧之所以闻名主要是：它能防止来自太阳的紫外线伤害我们。令人奇怪的是，正是紫外线辐射产生了最初的臭氧层。在地面处大气层最厚，越往高处，大气层越稀薄。

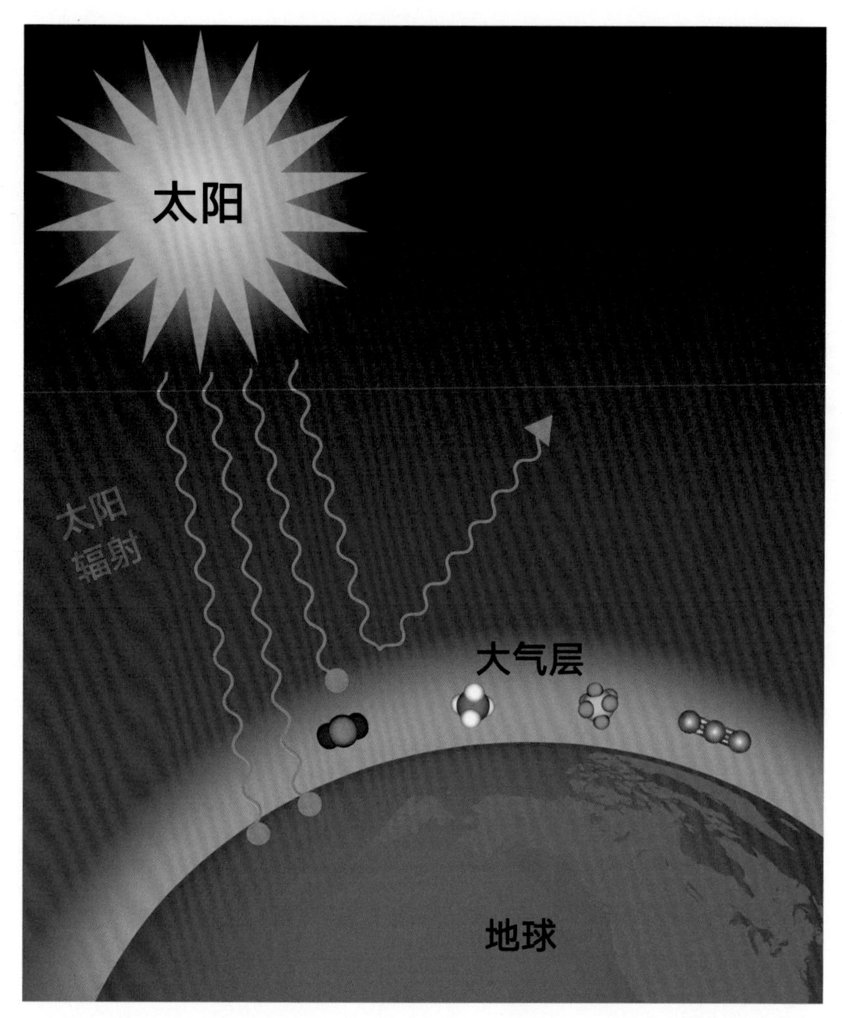

大气层中的气体和粒子对天然的温室效应都有贡献。大气层允许来自太阳的可见光穿透至地面，并且能捕获向外反射的红外光。这个机制使地球表面保持令人舒适的平均温度（图片来源：NASA）

地球大气层分为很多层。我们所体验的天气和风位于最底层的对流层。极光的位置略高，在热层（图片来源：T. Abrahamsen/ARS）

从国际空间站上所见的地球大气层（图片来源：NASA）

阳光与蓝天

为什么地球上会有蓝天？来自太阳的光和来自普通灯泡的光，看起来都是白色的。虽然光看起来是白色的，但是它包含所有的基本色：红、橙、黄、绿、蓝、靛、紫。当我们让白光通过三棱镜时，它在另外一侧就呈现为分离的各种颜色。

光的能量以波的形式传播，就像海上的波浪。有些颜色的光是短波（就像波涛汹涌的波浪），有些是长波（就像缓慢起伏的波浪）。蓝光波长比红光短。除非被镜面反射或者被棱镜、雨滴折射，又或者被大气中的分子散射，否则光一般以直线形式运动。阳光里的蓝色光因为波长比较短，所以被空气分子散射得更多。因此，天空看起来主要是蓝色的，而来自太阳本身的光看起来呈浅黄色。

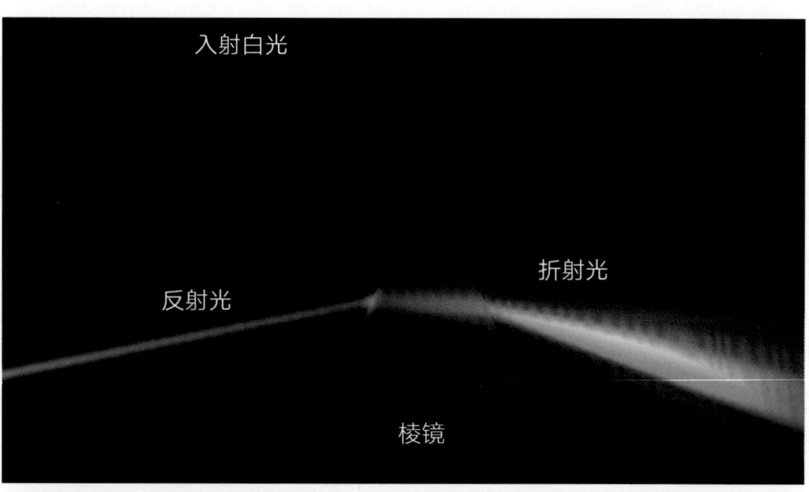

白光经过棱镜会被发散形成各种颜色的光谱。同样的事情也会发生在光线通过雨滴时，彩虹就是由此产生的（图片来源：T. Abrahamsen/ARS）

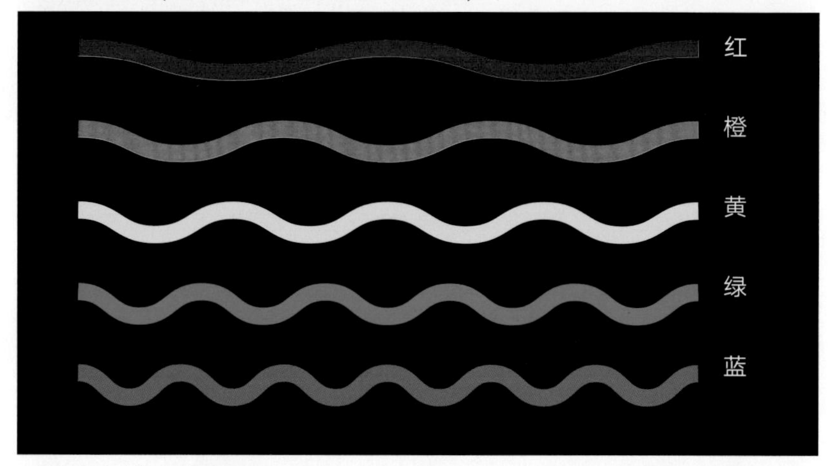

各种单色光被弯曲的程度取决于它们的波长或频率。蓝光波长比较短，光波更“破碎”，而红光波长比较长。就像海上的各种波浪，光波也有不同的波长，波长就是波峰之间的距离（图片来源：T. Abrahamsen/ARS）

蓝光被大气层中的分子散射得比其他单色光更强烈。因此，我们会看到整个天空反射来的蓝光，因此天空看起来是蓝色的。一部分蓝光已经被大气层“抢走”，所以太阳看起来是淡黄色的 (图片来源：T. Abrahamsen/ARS)

用简单实验解释蓝天

可以非常简单地证明大气层中的光线散射，只需要用到一支手电、一杯水和一点儿牛奶。在一间黑屋子里，透过一杯水去看手电发出的光，你看到的是白光。往水里加几滴牛奶，搅拌一下。现在光的颜色发生了什么变化？多加一些牛奶，继续观察会发生什么变化。

挪威东南海上的林格岛上的蓝天，雾气匍匐在海上 (图片来源：P. Brekke)

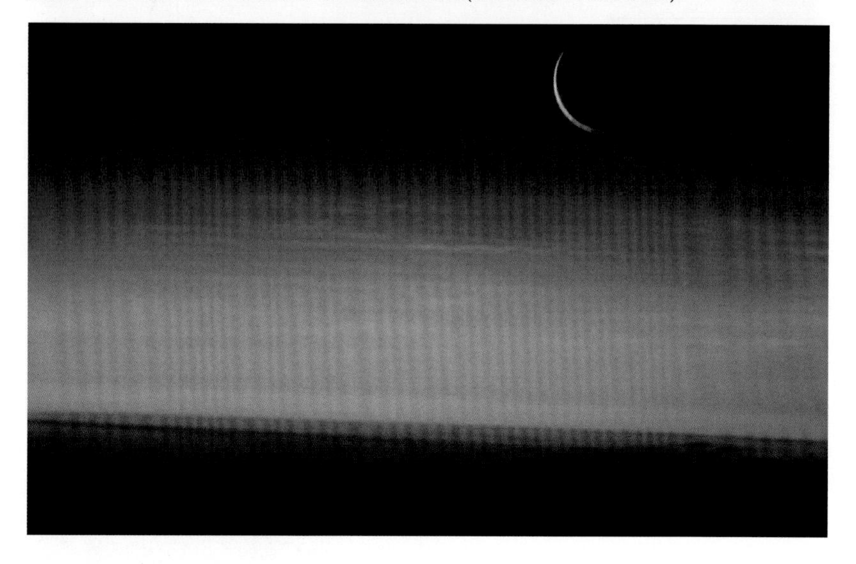

从国际空间站上观测到的地球大气层和蛾眉月。注意大气层底部是橙色的而顶部是蓝色的 (图片来源：NASA)

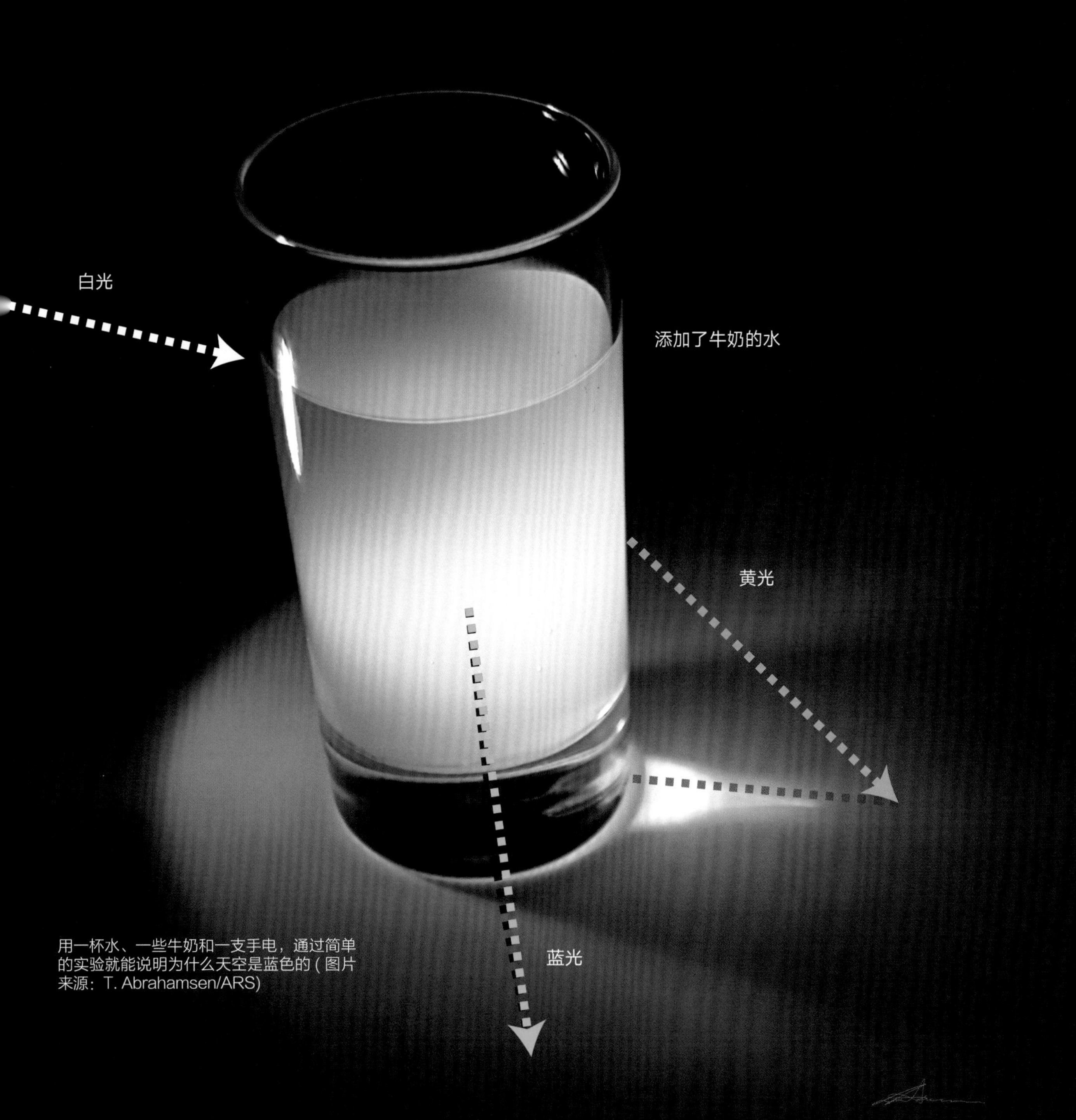

用一杯水、一些牛奶和一支手电，通过简单的实验就能说明为什么天空是蓝色的（图片来源：T. Abrahamsen/ARS)

夕阳红

当太阳在地平线附近时，与它在高空时相比，阳光必须经过更厚的大气层。这样就有更多的蓝光被散射，即从阳光里被“除掉”，从而使太阳看起来是橙色甚至是红色的。有时候，天空也变红了，这是由空气中的更大粒子引起的，比如尘埃、污染物和水汽。它们反射和散射了一些红色和黄色的光。

地球上空气污染最严重的地方经常会看到最红的落日。大型的火山喷发会把大量的火山灰抛入大气层，这也会导致大面积地区看到非常红的太阳。即便是夏威夷的火山爆发，也会在美国本土的大片地区出现格外红的落日。

奥斯陆峡湾上的日落，海面上是克里斯蒂安 · 劳迪奇号帆船 (图片来源：P. Brekke)

当太阳在地平线附近时，阳光必须要经过更厚的大气层。因此，有更多的蓝光从阳光中被散射出去，太阳看起来就是红色的。空气中更大的粒子也会散射红光，产生红色的天空（图片来源：T. Abrahamsen/ARS)

月球上漆黑的天空

如果地球上没有大气层看上去会是什么样？天空看起来是黑的，你再也不会看到夕阳红。不过，你将会在白天看到星星。在我们真实的地球上，来自恒星的光被大气层四处散射的蓝光所淹没。

我们在阿波罗登月的照片上没有看到任何星星，这是因为曝光时间已被调整，以便捕捉格外明亮的月球表面的细节。

阿波罗登月期间，宇航员在月球表面上放置了几架科学仪器。因为月球上没有大气层，所以那里的天空总是一片漆黑（图片来源：NASA）

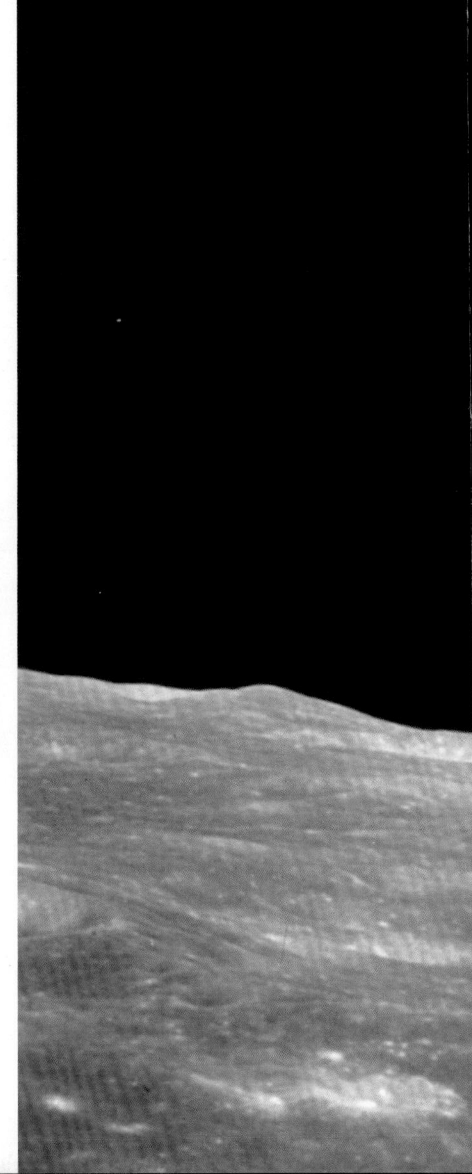

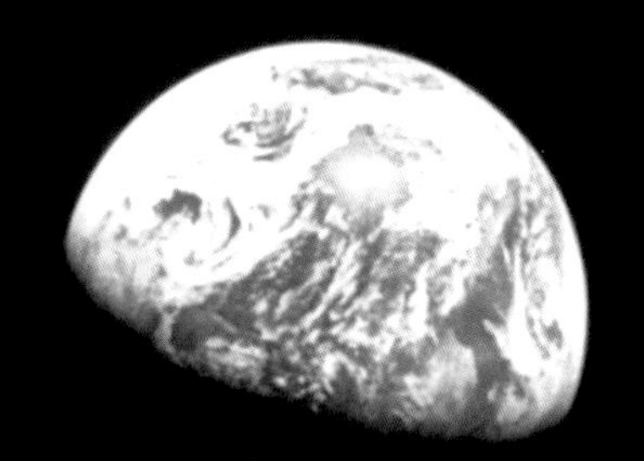

阿波罗舱环绕月球飞行时，宇航员可以看到地球从月球地平线上“升起”（图片来源：NASA）

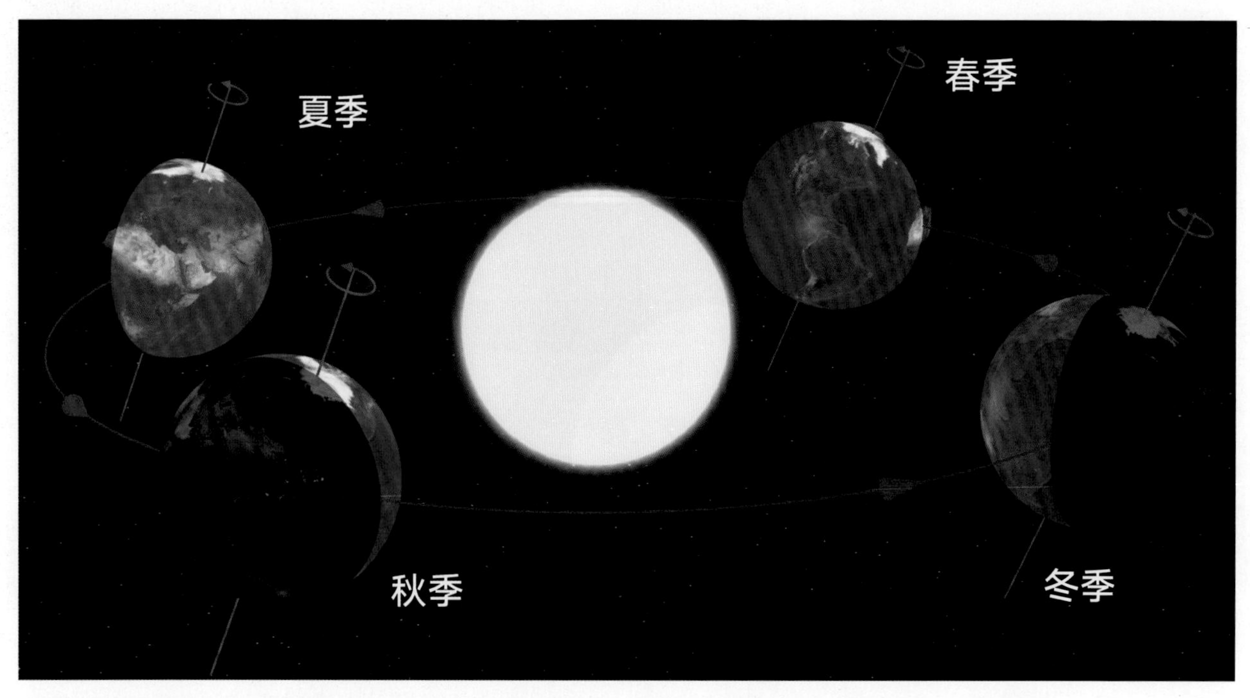

地球的自转轴是倾斜的。夏季向太阳倾斜，因此在北半球高纬度地区，夏季漫长而温暖（炎热）（图片来源：Wikipedia）

季节变换

在北半球的夏季，为什么一年中地球在这个时候实际上离太阳最远，但天气却最热？地球围绕太阳公转的轨道不是圆形轨道，而是拉长的椭圆形轨道。冬至时，地球距离太阳 1.475 亿千米。夏至时，地球与太阳之间的距离是 1.526 亿千米。也就是说，地球与太阳的距离，夏季要比冬季约远 500 万千米。这意味着地球夏季接收的能量比冬季要少 7%。那么，为什么在北半球还是夏季更热呢？

这跟地球倾斜有关。地球公转轨道面与地球赤道面夹角为 23.5 度。在北半球，阳光在夏季抵达地面时更接近直角，太阳高度角更大。在南半球，这时太阳高度角较小，南半球处于冬季。不过，这是完整的答案吗？

说明地球存在四季的艺术画
（图片来源：M. Rotzinger）

因为地球自转轴是倾斜的，所以我们才会经历四季。这是林格岛夏季和冬季的一些照片（图片来源：P. Brekke）

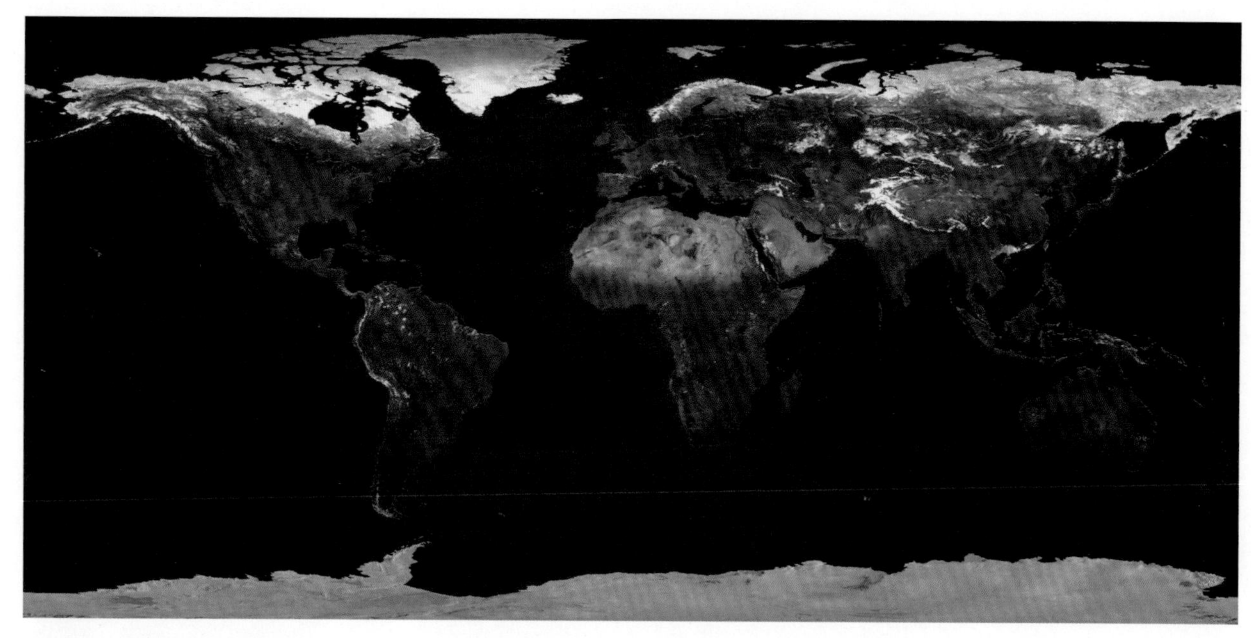

这张根据许多卫星照片合成的影像图，展示了从太空中看到的地球，以及陆地和海洋的分布情况 (图片来源：NASA)

季节和温度

有意思的是，当地球离太阳最远的时候，地球的平均温度却比离太阳最近的时候高 2.3 ℃，这时北半球是夏季。这有点奇怪，平均温度应该是大致相同的，因为在北半球是冬季时，南半球处于对应的夏季。平均温度不同的原因是，地球上陆地和海洋的分布是不均匀的。在北半球陆地居多，而南半球海洋居多。因为陆地比海洋升温快，所以北半球就会具有较高的平均温度。

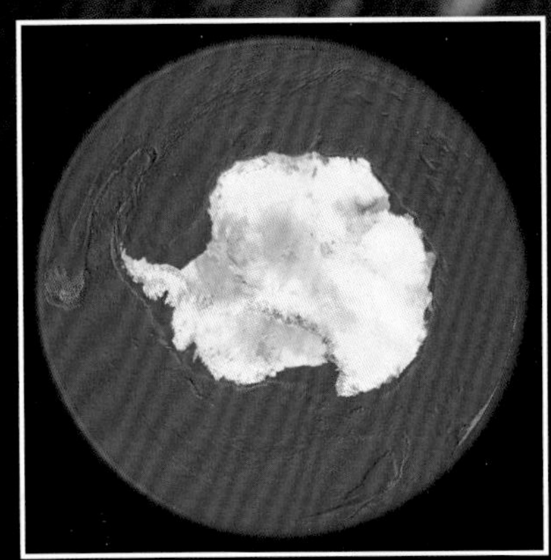

地球南北两半球对比，可以清楚地看到在南半球有更多的海洋覆盖 (图片来源：NASA)

我们可以测量昼夜温度变化、冬夏温度变化。原因是地球在自转的同时也在围绕太阳公转 (图片来源：P. Brekke)

人类生活靠太阳

阳光加热了地球上的陆地、海洋和空气。它让水蒸发变成了云。当水蒸气冷却时，在云中形成小水滴，降落成雨，为动植物和人类提供水源。植物利用阳光把二氧化碳和水转化为碳水化合物。同时，植物又释放出人类呼吸所需要的氧气，这个过程称为光合作用。植物需要碳水化合物来生长，人和动物也一样。就这样，阳光驱动着整个生命循环。你知道来自阳光的紫外线产生了我们人体所需要的重要的维生素D吗？

植物需要阳光才能通过光合作用生长并制造氧气（图片来源：P. Brekke）

人类的身体需要阳光才能产生某些维生素（图片来源：P. Brekke）

太阳驱动着地球上的生命循环。来自太阳的热能使海水蒸发形成云，云在陆地上产生降雨。雨水进入河流回流到海里，在海里又再次蒸发(图片来源：T. Abrahamsen/ARS)

esa
NUON

努纳（Nuna）是一款完全依靠太阳能行驶的汽车（图片来源：Hans-Peter van Velthoven）

我们如何利用太阳

火焰的热量实际上是存储已久的太阳能量 (图片来源：K. A. Aarmo)

太阳：我们的能量之源

你是否想过火炉里的热量从何而来？或者水电站的能量从何而来？或者我们从石油和天然气中获取的能量又从何而来？

这些能量最初都源自太阳。它们是以各种形式“存储”的太阳能。阳光使树木生长，然后我们通过燃烧木头获得其中一些能量。经过成千上万年，死去的树木转变成了石油和煤炭，现在我们开发这些能量以获得电力、燃料和热量。来自太阳的热量使海洋里的一些水蒸发形成云，云中凝结的雨滴落向地面形成降雨。雨水流进河流，我们利用水电站从中提取能量。就这样，阳光成为我们今天日常使用的主要能量来源。

当我们从海底抽取石油和天然气时，我们正在收集已经存放了数百万年的太阳能 (图片来源：Statoil)

许多人依然利用太阳晒干衣服 (图片来源：D. Warren)

我们如何利用太阳能

成千上万年来，人类一直利用太阳能晒干食物和衣服。直到近些年，我们才发明了把太阳能转化为电能的技术。太阳发出的总能量是令人吃惊的，达到 38 600 亿亿兆瓦。这些能量中即使只有极小一部分能到达地球，只要我们能够更有效地开发它，就已经能满足我们全世界的能量需求了。实际上，每年地球接收的太阳能是全世界消耗能量的 15 000 倍！

历代人们都在利用太阳能，比如晒鱼 (图片来源：R. Bertinussen)

太阳能会是未来能源中重要的一部分。不过，我们永远无法从太阳上拉上 1.5 亿千米的输电线把太阳能传送过来（图片来源：A. I. Berget）

太阳能电池

埃德蒙·贝克勒尔（Edmond Becquerel）是法国物理学家（埃德蒙是发现放射性的亨利·贝克勒尔的父亲）。1839年，19岁的他发现有些材料在阳光照射下能够产生微弱电流。直到100年后，这项技术才有实际用途。寻找给太空中的卫星提供能量的方式促使工程师们发明了太阳能电池。第一颗用太阳能电池供电的卫星是先锋1号（Vanguard），1958年3月17日发射升空。

太阳能电池（通常用硅制造）能够把光能直接转化为电能，这时光子把硅中松散的电子“踢飞”了。这些自由电子随后可以移动形成电流。太阳能电池中的电力是一种可再生能源，而且没有污染。只要还有阳光照在电池上，就会产生电力。

先锋1号是第一颗用太阳能电池供电的卫星。这颗葡萄形的卫星在1958年3月17日发射升空（图片来源：NASA）

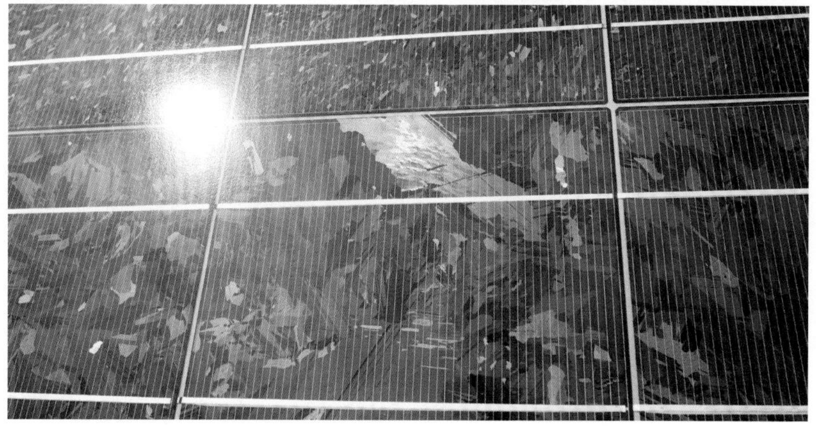

太阳能电池一般用硅制造，它能把光能转化成电能（图片来源：REC/D. Heinisch）

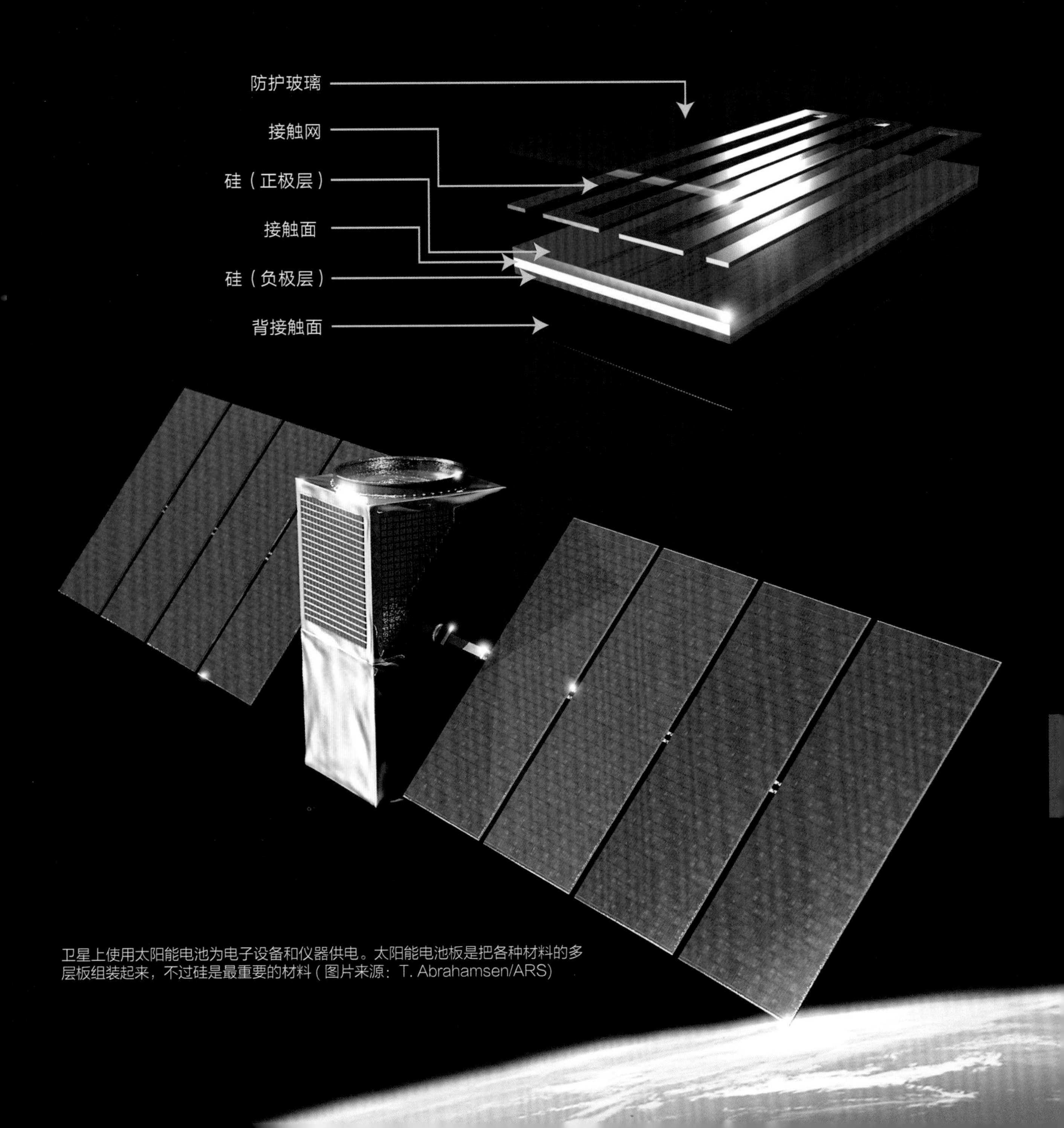

卫星上使用太阳能电池为电子设备和仪器供电。太阳能电池板是把各种材料的多层板组装起来，不过硅是最重要的材料（图片来源：T. Abrahamsen/ARS)

太阳能电池的用处

在地球轨道上运行的所有卫星都使用太阳能电池。国际空间站的宇航员从巨大的太阳能电池中获得电力。美国国家航空航天局甚至发明了一架完全使用太阳能驱动的飞机。太阳能电池在地面的使用也越来越多，在电力传输困难的地方成为明智的选择。你可能已经见过用太阳能电池供电的交通灯或小型灯塔。你能买到使用太阳能电池的计算器，还有太阳能电池驱动的手机充电器。太阳能电池可以制造得又薄又柔软，实际上将来可能做成外套用来给你随身携带的电子设备充电。

那么，为什么还要用煤和石油来发电呢？主要理由是，目前用太阳能发电相比用煤和石油发电来说成本要高一些。不过新技术很有希望在未来改变这一点，基于太阳能的大型发电厂已经在建设了。

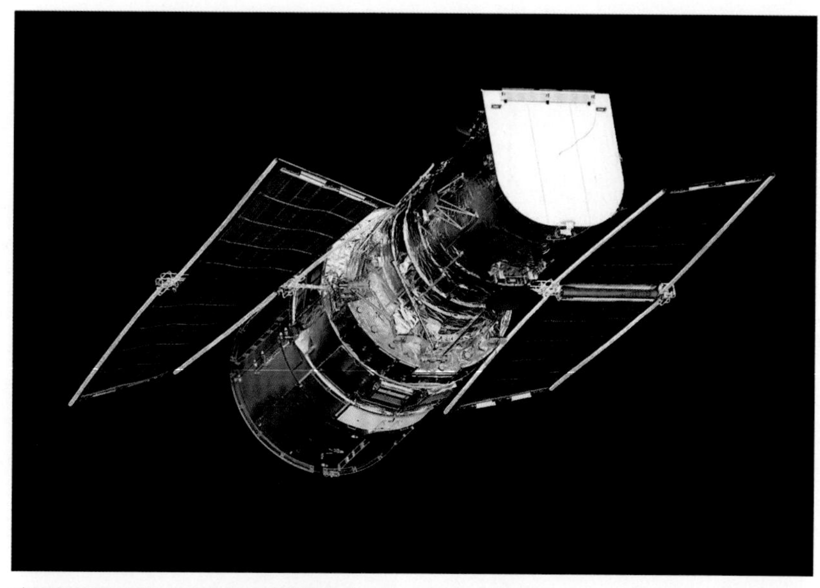

哈勃太空望远镜从太阳能电池中获得电力 (图片来源：NASA)

西班牙的太阳能发电厂用大量的镜子把阳光反射到高塔顶上。聚焦的强烈阳光对水进行加热，产生的蒸汽驱动涡轮机产生的电力足够 6 000 个家庭使用 (图片来源：flickr/afl-oresm)

美国国家航空航天局已经制造出了靠太阳能飞行的飞机 (图片来源：NASA)

挪威海岸上的许多灯塔用太阳能电池板来供电（图片来源：P. Brekke）

Norsk Astronomis
MANCHESTER

使用特制的日食眼镜，你可以安全地观看太阳。如果出现大的太阳黑子，你更需要用这样的眼镜来观察(图片来源：P. Brekke)

动手参与研究太阳和极光

如何观察太阳黑子

研究太阳，观察太阳黑子如何随时间变化是一件很有趣的事情。如果你有一副日食眼镜的话，就算没有双筒或者单筒望远镜也可以研究太阳。借助它，你可以看到太阳上最大的黑子。这样的眼镜很容易在互联网上买到。只是你要确认上面没有划痕或者孔洞，否则很容易伤害你的眼睛。

一种叫作太阳方位仪的装置，可以使你以既有趣又安全的方式追踪太阳黑子。这种设备是一种可折叠的小型望远镜，可以把太阳成像投影到一张白纸上。它有许多优势，你不需要太阳滤光片，也不会伤害眼睛，还可以好几个人同时看。

还有一种类似的，更结实耐用的设备叫太阳投影仪，也可以在市场上买到。

太阳投影仪是一种简单实用的仪器，它让安全观察太阳变得很容易（图片来源：NASA）

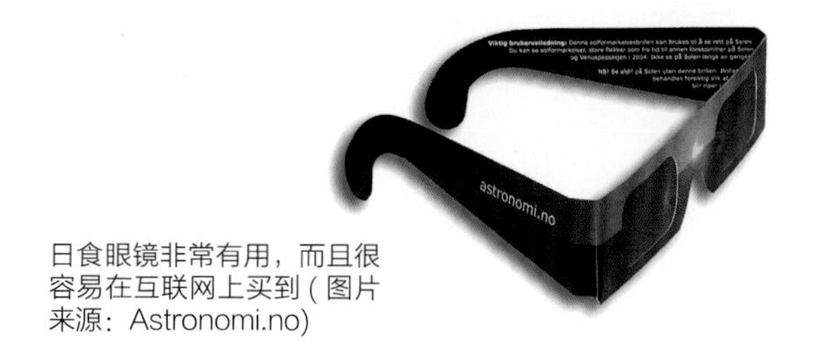

日食眼镜非常有用，而且很容易在互联网上买到（图片来源：Astronomi.no）

有时太阳上会出现许多大黑子，不需要复杂精巧的仪器也能轻易进行观测（图片来源：Big Bear Observatory）

从你家后院看太阳

如果你计划用单筒或双筒望远镜观察太阳，那么除非你在望远镜上装上了高质量的太阳滤光片，否则永远不要直接用望远镜去看太阳。这样的滤光片可以在网上大多数天文商店买到。再说一次，保证滤光片上没有划痕或孔洞，这很重要。

使用单筒或双筒望远镜的一种更安全的方式，是把太阳的图像投影到一面白墙或一张白纸上。你可以在望远镜周围架起一块硬纸板，从而在墙上或纸上产生一块阴影。

不要用望远镜去看太阳，直接把它指向太阳，把太阳的图像投影到白纸上去。当望远镜指向正确的方向时，太阳成像的位置在望远镜后一段距离。找到正确的方向可能有一点儿难。当望远镜镜筒的影子越来越小的时候，就知道接近正确方向了。望远镜到白纸或墙的距离应该是 30~60 厘米。

产生更大的太阳图像投影的有效方法是，拉上帘子让房间里的光线变暗，通过帘子上的缝隙把望远镜指向太阳。在望远镜后面用一面镜子把太阳图像投影反射到房间里的一面墙上。

如果你有太阳滤光片，那么通过望远镜观察是安全的。你也可以买各种特制的滤光片，通过调整滤光片可以显示太阳不同层次的大气层。有一种叫氢 α（H-alpha）的滤光片，可以显示太阳暗条和挂在日面边缘的日珥。

通过科罗拉多日珥望远镜（Coronado PST）所看到的太阳，它装有一片氢 α 滤光片，让你能够观察太阳大气层的一部分。在这张图上，你可以看到太阳边缘壮观的日珥（图片来源：Astronominsk）

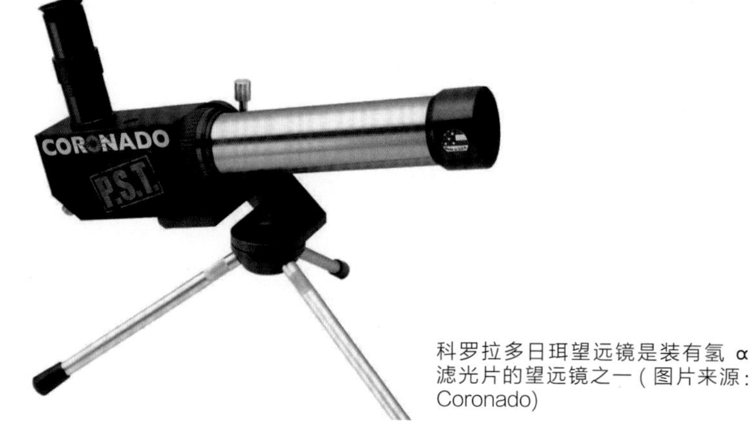

科罗拉多日珥望远镜是装有氢 α 滤光片的望远镜之一（图片来源：Coronado)

使用普通望远镜研究太阳的一种简单方式。把一张纸板架在望远镜的后端，就会在后面的白纸上产生一片阴影，太阳图像被投影到白纸上（图片来源：T. Abrahamsen/ARS）

到哪里去看极光

极光令人印象深刻，它与其他的光学现象都不一样。极光表现出迷人的色彩，它有特殊的结构和动感。

极光出现在地球磁极附近1 000~3 000千米范围内，随时都可能出现。不过，只有在晴朗而黑暗的夜晚才能看到极光。白天，阳光会盖过极光。

观看极光的最佳地点当然是在高纬度地区。而且，观看极光要在秋冬季节，最佳时期是9月到次年4月。在北半球夏季，极昼带来的阳光让你不可能看到极光。在斯堪的纳维亚，最强的极光通常出现在冬季晚上8点到12点之间。

你得避开城市的灯光，在离城市较远的山顶或开阔的乡村找一块黑暗的地方，还要能够看到北方的地平线。你还需要避开满月，明亮的月光会让夜空不再黑暗。

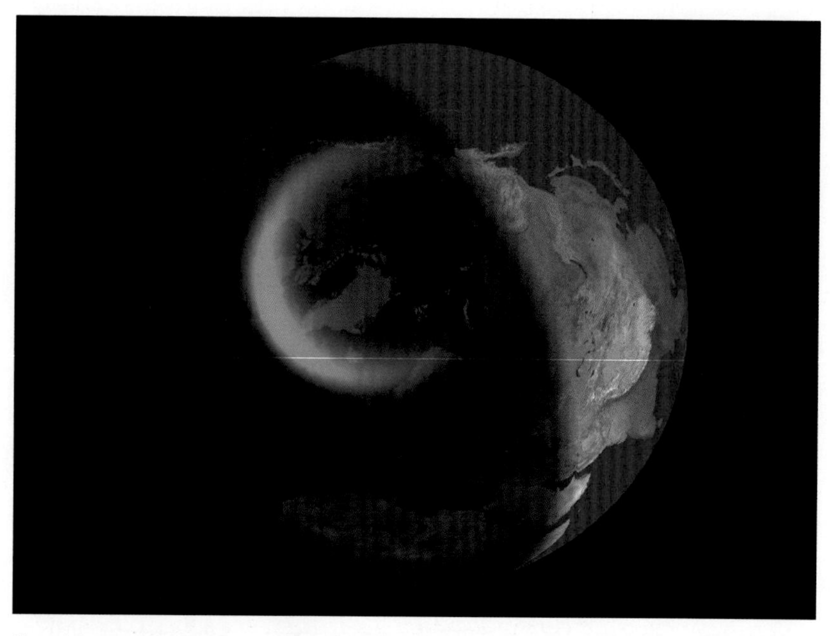

基于对太阳风速度的测量，有可能预测极光的位置 (图片来源：F. Sigernes/UNIS)

在挪威北部，几乎每个黑暗而晴朗的夜晚都可以看到极光。在阿拉斯加的费尔班克斯，一个月能看到5~10次极光；而在美国和加拿大边境一年才能看到2~4次。在墨西哥，十年之中只能看到一两次极光。

通过每天24小时监测太阳活动，测量太阳风粒子的速度，科学家们可以预测极光的强度和位置。所以，你可以利用互联网找到提供极光预测的网页。

在水边拍摄极光会增加戏剧效果。这张在挪威北部特罗姆瑟郊外的伊尔斯峡湾拍摄的照片中，月光和极光同时返照在水面上（图片来源：F. Broms）

怎么拍摄极光

用相机捕捉极光能够留下一生的回忆。拍摄极光相对容易一些，但要获得最佳效果，有些基本原则应该遵守。你的经验越多，拍的照片效果也会越好。

要想获得最佳效果，相机需要调到手动模式（M 模式），从而你能够同时控制快门速度和光圈参数。这样就使数码单反（DSLR）相机成为极光摄影的最佳选择，大部分数码单反相机都能让你有很大机会在短时间内得到满意的极光照片。

在拍摄极光照片时，三脚架是绝对必需的。事先把镜头对焦在无限远处，必要时再进行调整。确保你的相机处于手动模式。如果镜头上有滤光片要把它拿掉，因为它一般会在照片上留下不必要的同心环形。

焦距 10~35 毫米的快速镜头（f/2.8 或者更低）是理想之选。无论你的镜头是什么样的，把它的 f 参数设到最低，ISO 参数设定得很高。通常把曝光时间设定为 8~30 秒，这时的 ISO 参数是 800。ISO 参数更高时，图像噪点会成问题。因此，在 ISO 参数和曝光时间之间找到一个最佳平衡点是关键。要根据你相机的表现调整设置，对于明亮的极光“表演”要使用更短的曝光时间和更低的 ISO 参数。

观看极光会成为一生难忘的回忆（图片来源：F. Broms)

拍摄极光，需要有广角镜头，还要把相机架在牢固的三脚架上。在照片中把前景中的房屋或人包括进来，会显得更生动有趣。极光出现的时间可能会比较短，所以拍摄一张好照片的关键在于提前做好准备 (图片来源：F: Broms)

在挪威特罗姆瑟上空的极光（图片来源：H. B. Basemann)

当代对太阳、极光和太空天气的研究

当代太阳研究

当代科学家们正在使用的，是配有精致复杂设备的太阳望远镜，以求提高图像质量，校正由地球大气层造成的干扰。图像质量得以提高，是因为有了更快的计算机和可变形的镜片。计算机能够计算来自地球大气层的干扰，然后改变镜片的形状以抵消干扰。

太空望远镜能够实现对太阳的连续监测，而且避开了地球大气层干扰。在大气层之上还可以接收到太阳发射的紫外线和 X 射线，从而使我们得以观测太阳大气层的动态。

超快计算机被用来运行先进的数值计算模型，以模拟太阳的性质和太阳大气层的特征。在基础天体物理实验室，可以用这种方式对太阳进行探索。

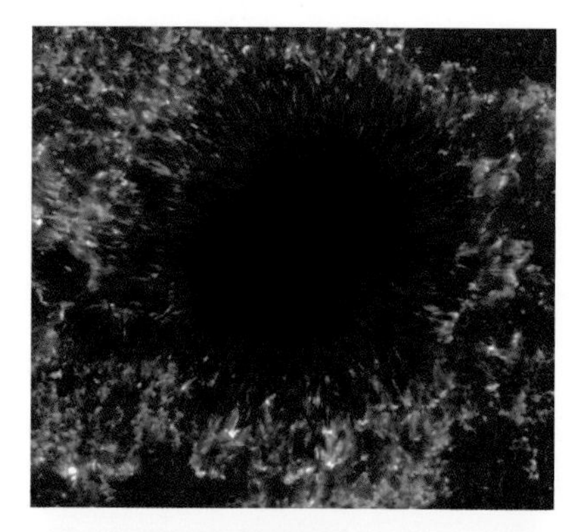

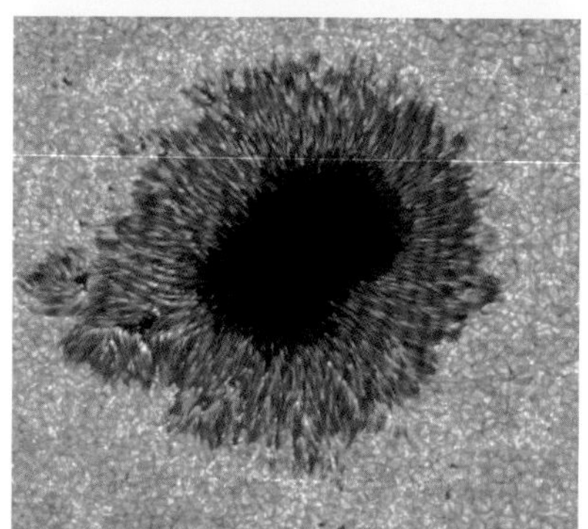

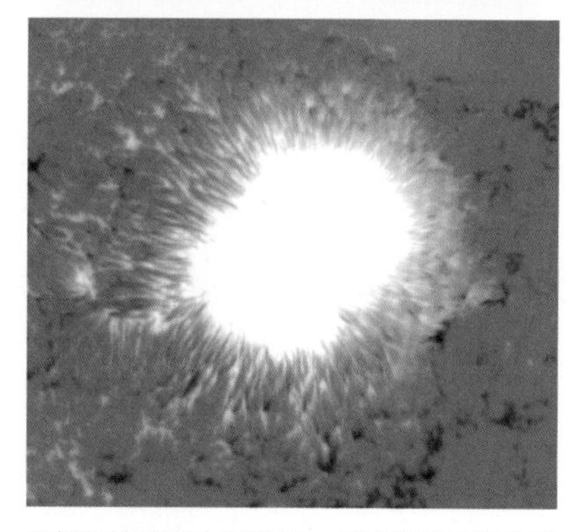

用望远镜观测太阳黑子，用计算机模拟物理过程（图片来源：Hinode/ITA)

来自日出卫星的所有数据都存储在挪威奥斯陆大学的欧洲日出数据中心。强大的计算系统使全欧洲的科学家可以很容易地获取这些数据（图片来源：ITA)

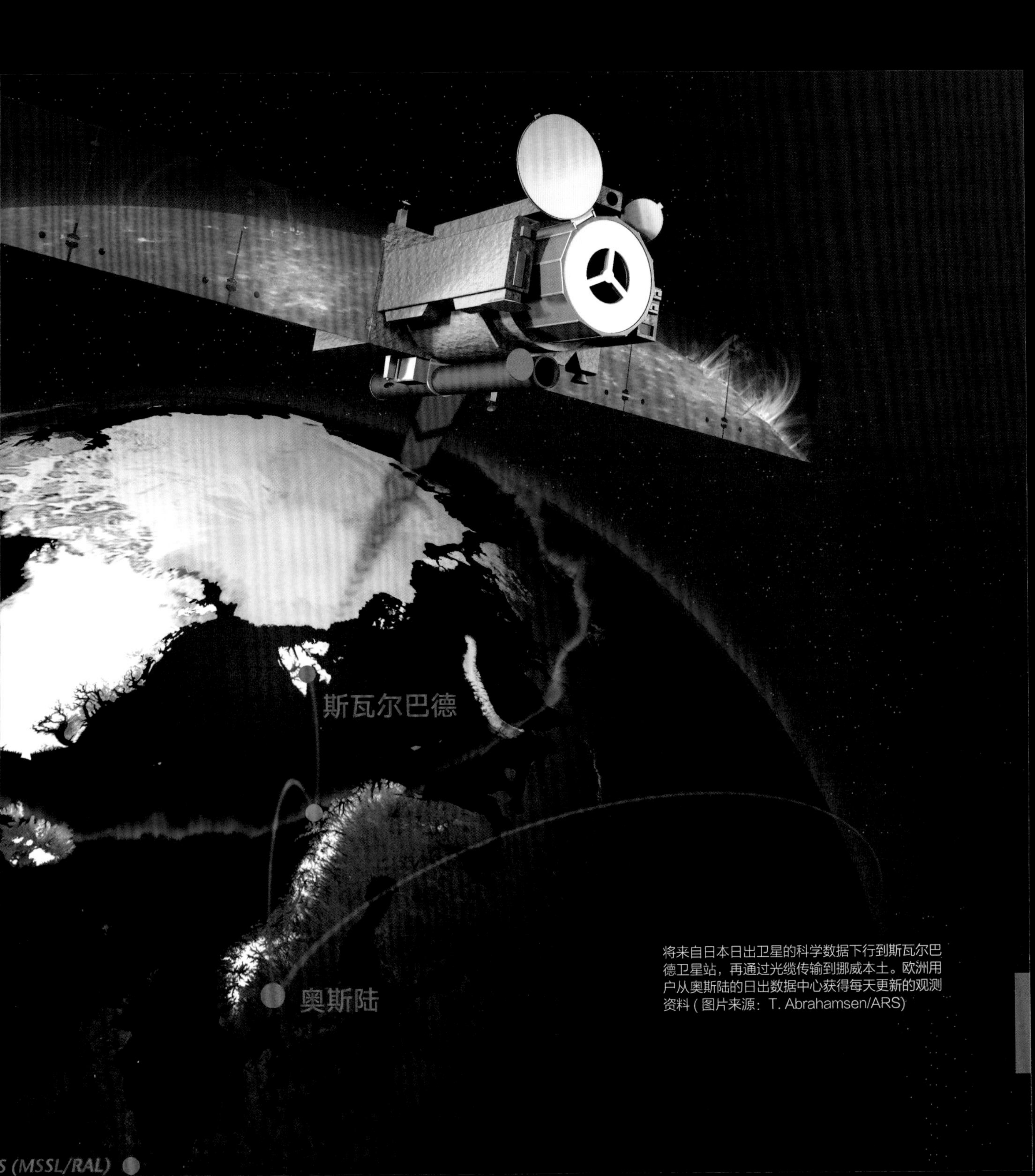

将来自日本日出卫星的科学数据下行到斯瓦尔巴德卫星站，再通过光缆传输到挪威本土。欧洲用户从奥斯陆的日出数据中心获得每天更新的观测资料（图片来源：T. Abrahamsen/ARS）

用火箭穿越极光

进入太空时代以来，科学家们开始用太空仪器和相机来研究极光。在挪威北方的安岛上有一个巨大的火箭发射场。这是世界上最靠北的永久性火箭发射场，第一枚火箭发射于 1962 年。从那以后，这个发射场已经发射了超过 1 000 枚火箭，大多数是美国国家航空航天局的火箭。瑞典的基律纳和美国阿拉斯加的费尔班克斯也有火箭发射场。

科学实验火箭为我们研究极光做出了贡献。在极光观测实验中所用的火箭一般长度为 10~20 米，携带的设备载荷典型为 150~200 千克，到达高度为 300~500 千米。从安岛发射的火箭到达高度的最高记录约为 1 500 千米。有了火箭，就可以从内部对极光进行研究。科学家们也是用卫星从上方和全球尺度上对极光进行研究的。

安岛火箭发射场，背景上的城市是安迪内斯（图片来源：ARS）

安岛火箭发射场（图片来源：K. Dahle/ARS）

安岛发射场的一个发射台（图片来源：K. Dahle/ARS）

北极

斯瓦尔巴德

诺毕尔·阿蒙森平流层气球中心

斯瓦尔巴德火箭发射场

希望岛

熊岛

光缆

特罗姆瑟

安岛火箭发射场

绕极飞行

碰撞区域

扬马延岛

格陵兰岛

挪威

安岛火箭发射场位于极光椭圆区之下，因此这里几乎每天都可以进行极光研究。从安岛和斯瓦尔巴德都可以发射火箭（图片来源：T. Abrahamsen/ARS）

用极光研究地球大气层

阿洛玛观测站（研究大气层中部的北极雷达观测站）是一个国际性的研究站，也是安岛火箭发射场的一部分。来自全世界的科学家利用非常复杂、精巧的激光和雷达系统在阿洛玛观测站探索和调查地球大气层的性质。

研究的焦点之一是地球上层大气与太阳辐射、太阳风的相互作用。在大气层的边缘，我们发现地球是个“冰箱”。即使在安岛的温度还非常温暖，但在其上方 90 千米的高空温度已经比南极的地面温度还低了。

利用强激光和雷达，可以测量温度、密度，观测世界上高度最高的“夜光云”。阿洛玛观测站也测量小流星体撞进地球大气层燃尽后的尘粒。另外，它还研究大气中臭氧和其他气体的含量。

阿洛玛观测站对地球大气层的大多数层次进行观测，获得了重要的数据，使我们可以更好地研究气候变迁。来自阿洛玛观测站的观测数据也用于决定什么时候把火箭发射到地球大气层中去。

用强激光束和雷达来探测地球大气层的性质（图片来源：G. Baumgarten）

来自阿洛玛观测站的激光和北极光（图片来源：K. Dahle/ARS）

来自阿洛玛观测站用于探测地球大气的激光束 (图片来源：K. Dahle/ARS)

谢尔·亨里克森观测站于 2008 年建成开放，有 32 个房间，每个房间有一个玻璃穹顶，科学家们可以把他们的科学设备安装在里面（图片来源：KHO/UNIS）

斯瓦尔巴德岛上的极光观测站

谢尔·亨里克森观测站（KHO）位于挪威的斯瓦尔巴德岛，是世界上最现代化的极光观测站。斯瓦尔巴德位于磁场极尖区之下，这是太阳风粒子进入地球磁场的一种通道，在这里可以产生白日极光。

观测站有 32 个房间，每个房间有一个玻璃穹顶，科学设备可以透过穹顶观测极光。来自全世界的科学家在观测站可以租一个“景观房”，从他们所在的研究机构远程控制他们的实验设备。

为了研究电离层，要用到斯瓦尔巴德、特罗姆瑟和基律纳（瑞典）的大型雷达天线。一架天线把强雷达信号发射进大气层，另一架记录反射回来的信号。这类似复杂精致的警用雷达。这些数据能提供大气层结构以及太阳风暴过后电离层会发生什么改变等信息。

欧洲非相干散射雷达（EISCAT）的一架大型天线，背景是极光。一架天线把强雷达信号发射进大气层，另一架记录反射回来的信号。这类似复杂精致的警用雷达（图片来源：N. Gulbrandsen)

太空营期间，学生们举着他们制作的火箭摆姿势合影（图片来源：Space Camp）

太空营

每年都会有一群欧洲学生（17~19岁）在安岛火箭发射场聚会，深入学习太阳、大气和极光。一周之后，他们会跻身可以自称真正火箭科学家的少数人之列。

太空营的目的是让学生们参与真正的科学。他们需要使用真正火箭科学家使用的工具来工作。来自挪威航天局、欧洲空间局和美国国家航空航天局的教练对学生进行指导，让他们自行建造设备用于测量地球大气层。活动亮点是学生们可以发射他们自己制造的火箭。

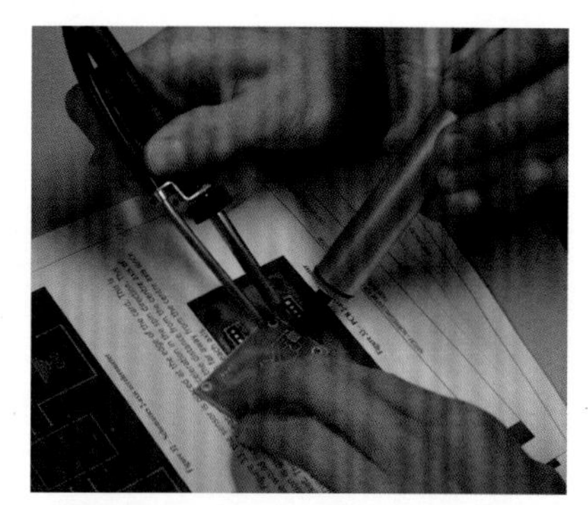

学生们在制造将在火箭飞行期间进行测量的电子设备（图片来源：Space Camp）

学生制造的火箭从安岛火箭发射场发射升空（图片来源：Space Camp）

有用的资源

除了本书，还有许多非常好的网站上有关于太阳和极光的有用信息。

太阳和日光层天文台（SOHO）（关于太阳的更新图像、大型图片库和有用链接）：
http://soho.nascom.nasa.gov

太阳动力学天文台（新型超级太空望远镜，每日更新图像）：
http://sdo.gsfc.nasa.gov

太空天气网（非常有用的网站，有即将发生的极光、流星雨等新闻）：
http://www.space weather.com

欧洲空间局（ESA）：
http://www.esa.int

美国国家航空航天局（NASA）：
http://www.nasa.gov

安岛火箭发射场：
http://www.rocketrange.no

谢尔 · 亨里克森观测站（斯瓦尔巴德岛上的极光观测站，有一份极好的极光预报地图）：
http://kho.unis.no

挪威航天中心：
http://www.spacecentre.no

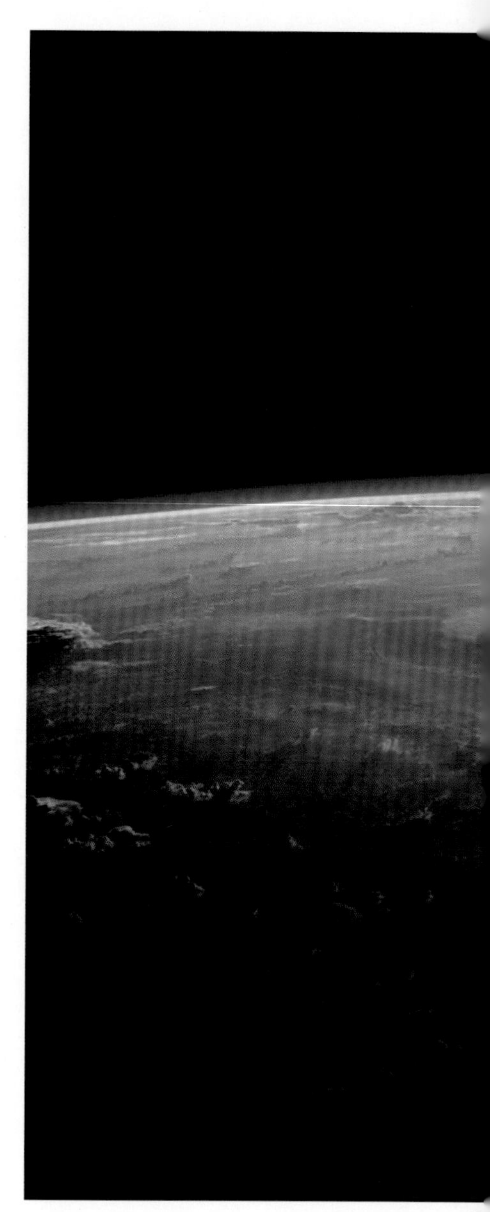

从航天飞机中看到地球大气层之上壮观的“日落”（图片来源：NASA）

太阳风暴能够影响我们这个以科学为基础的社会
(图片来源：NASA/J. Rumburg)